データサイエンス「超」入門

嘘をウソと見抜けなければ、データを扱うのは難しい

松本健太郎

毎日新聞出版

TRUTH or FAKE:
DATA SCIENCE
TECHNIQUES

データサイエンス「超」入門

嘘をウソと見抜けなければ、
データを扱うのは難しい

はじめに

この本は、**データサイエンスについて学びたいと思っているけど、数学は苦手だし、なによりも、どこから学んでいいかわからないと戸惑っている人のための超・入門書**です。

みなさん、はじめまして。本書に興味を持っていただき、ありがとうございます。松本健太郎と申します。普段は東京でマーケティング全般のデータ分析の仕事をしています。インサイトと呼ばれる消費者の隠れた心理を分析し、本当は何を求めているのかを見極めて、結果を報告書にまとめる、いわゆる「データサイエンティスト」と呼ばれる職業に就いています。

本書のメインテーマは「データの読み方」です。読み方といっても、「1」を「イチ」と読むという話ではありません。**データの特徴を理解して、背景に隠されている事象に想いを馳(は)せて、データに違和感を覚え、時には現場に足を運び、データが何を表現しているかを読み解く作業が「データを読む」という仕事**です。

そもそも、データサイエンティストの仕事の大半は「データを読む作業」です。高度で難しい統計学や最近流行りの機械学習を駆使することがデータサイエンスだと勘違いしている人もおられるようですが、それは誤解です。

データサイエンスとは「統計学＋ＡＩ（機械学習）」だと説明されることがありますが、本当はそれのみを指す言葉ではありません。本来、サイエンス（science）の語源は「知識」「知る」という意味であり、それが転じて体系立った知識や経験を指す言葉となりました。したがってデータサイエンスとは「データについて知る学問」「データを使って何かを知る学問」といった程度の間口の広い意味を持ちます。**「データサイエンス＝統計学＋機械学習」ではあまりに意味が狭すぎます**。

データサイエンスを学んだものの、数学が苦手で挫折した経験を持っている方は、おそらくこの狭い意味に囚われ過ぎたのだと私は思います。

たとえばロジカルシンキングなどの論理力、思考力、物事を見極めるための観察力、洞察力も、"知る"ための重要な学問のひとつです。こうした学問の体系がデータサイエンスであり、体系全体を学んだ人がデータサイエンティストと呼ばれています。

本書を通じて、データサイエンティストは普段どのようにしてデータを読んでいるのか疑似体験できます。データの読み方を通じて、**データへの理解、データの扱い方、データを分析する着眼点が少しでも身に付き、「明日からもっとデータサイエンスの勉強をしてみたい！」と思って貰うことが本書の目的**です。

それでは、さっそく始めましょう。

２０１８年８月　松本健太郎

データサイエンス「超」入門

もくじ

02.
なぜネットと新聞・テレビで支持率がこんなに違うのか

03.
結局、アベノミクスで景気は良くなったのか

04.
東日本大震災、どういう状況になれば復興したと言えるのか

05.
経済大国・日本はなぜ貧困大国とも言われるのか

06.
人手不足なのにどうして給料は増えないのか

07.
海外旅行、新聞、酒、タバコ…若者の○○離れは正しいのか

08. 地球温暖化を防ぐために、私たちが今できることは何か

09. 糖質制限ダイエットの結果とデータにコミットする

10.
生活水準が下がり始めたのか、エンゲル係数急上昇の謎

装丁　池田進吾［next door design］

本文DTP　明昌堂

図版作成　WADE

図版協力　毎日新聞社

校閲　小栗一夫

データサイエンス「超」入門

嘘をウソと見抜けなければ、データを扱うのは難しい

00.
バイアスだらけの私にリテラシーを

信じたい内容だけを信じる人がいる

「データの読み方」を鍛えるのに一番手っ取り早いのは、データを疑ってかかることであり、究極的に言えば人間の判断・行動を疑うことです。

なぜなら、人間は誰しも「思考の偏り」を持っているからです。「自分は正しい」と多少なりとも思い込んでいて、その認識が激しいほど偏りは大きくなっていきます。偏りが大きくなると、**客観的な事実より自分が信じたい内容を信じようとします**。自分にとって都合の良い数字にしか目を向けませんし、恣意的に解釈することすらあります。

恐ろしいのは、本人にその自覚がまったく無い点です。自分自身は、いつもと変わらず現実を直視して合理的・理性的な判断を下していると思っているのです。

偉い人たちは、この症状を**認知バイアス**と名付けました。

認知バイアスは、インターネットが誕生して情報を摂取する量が増えたから発生した症状ではありません。テレビや新聞の普及よりもっと前、恐らく人間が誕生してからずっと発生している症状です。

人間は昔からバイアスにまみれている

その代表例をいくつかあげてみましょう。

そのひとつが、『ガリア戦記』に記された教訓です。紀元前58年～同51年にかけて、ガリア（現在のフランス、ベルギー、スイスのあたり）で起きた古代ローマとガリア人・ゲルマニア人との戦争を、ガリア戦争と呼びます。ちなみにガリア戦記は、ローマ軍の指揮官だったユリウス・カエサルが記しています。

ガリア戦記によると、こう着状態を打破するため、副将・サビヌスは敵軍にスパイを送り込み、「ローマ軍は怖気付いている」「指揮官・カエサルが苦戦していて、サビーヌスが援軍に行く」というデマを流しました。敵軍は食料が減ってきたこともあり、自分にとって都合の良い話を簡単に信じてしまいました。結果、敵軍はサビヌス軍を急襲しようとして、万全の準備を整えていたサビヌス軍の前に完敗します。

カエサルはこの話を聞いて「**人間は自分が信じたいと望むようなことを自分から望んで信じる**」とガリア戦記に書き残しました。

次に紹介するのは、ブラジルの日系移民たちに起きた悲劇です。ブラジル側は労働力不足を補うため、日本側は過剰人口を減らすため、双方のメリットが合致して、1908年から日本人が移民としてブラジルに渡りました。ブラジルに渡った日本人は迫害を受けながらも、祖国を思い必死に生きました。中には大成功を収めた日本人もいます。

1945年8月、日本はポツダム宣言を受諾して戦争に負けました。しかし移民たちの一部は日本の敗北を受け入れず、日本はアメリカら連合国に勝ったと信じ込んで、自分たちを「勝ち組」と称しました。ちなみに、敗戦の事実を認識した人たちは「負け組」と蔑称されました。これが今、私たちが使っている「勝ち組」「負け組」の語源です。

双方の対立は激しく、信じたいものを信じる「勝ち組」は、「負け組」に対し、1946年にテロさえ行いました。さらには日本人とブラジル人の間で大規模な騒動まで勃発します。事態を重く見た各国政府は「負け組」の協力を得て、日本の新聞を届けたり、さらには「勝ち組」の親族・友人から手紙を送ってもらったり、なんとかして負けた事実を知らしめようとしました。それには10年ほどの時間がかかりました。

ちなみに、高度経済成長末期の1973年にブラジルから日本へ帰国した「勝ち組」の1人は「**こんなに立派な空港や建物がある日本が負けたはずはない**」と言ったそうです。

最後に紹介するのは、まだ私たちの記憶に新しい、東日本大震災に端を発した福島原発事故です。なぜあの原発事故は起きたのか、どうすれば防げたのか、政府、国会、民間それぞれの立場で調査・検証委員会を立ち上げています。中でも政府事故調（東京電力福島原子力発電所における事故調査・検証委員会）は、約1年1カ月にわたって調査・検証を行い、その結果を報告書にまとめました。

報告書の最後には、委員長を務めた畑中氏の所感として「**あり得ることは起こる。あり得ないと思うことも起こる**」「**見たくないものは見えない。見たいものが見える**」と述べられています。

「津波が来てもここまではさすがに来ないだろう」「長時間の全電源喪失はさすがに起こらないだろう」という前提の下に原発が構築・運営されていましたが、実際には津波は原発まで来ましたし、全電源も喪失しました。

さらに、起きたら嫌なことは起きないだろうと勝手に考え、安全のための対策を施そうものなら、「**本当に起こるみたいではないか。地元住民を不安にさせる気か**」と説得されたのです。そうした無数の思い込みの積み重ねと、ほんの偶然が、あの事故を引き寄せたと考えています。

このように認知バイアスが原因で、人間は痛く苦しく辛い思いをしてきました。これ以外にも同様の例を挙げればキリがありません。判断・行動している本人は真剣なのに、自ら不正解を選んでいるなんて信じられるでしょうか。「データの読み方」を鍛えるのに一番手っ取り早いのは、人間の判断や行動を疑うことなのです。

私は認知バイアスなんかに引っかからない。そう思っていませんか？　そこで、ちょっとしたデータを紹介します。

Facebookはおじさんとおばさんしか使っていない？

みなさんはFacebookというソーシャルネットワークサービスをご存知でしょうか。私がFacebookを使い始めたのは2011年2月ごろです。当初は20代～30代前半しかユーザーがいなかったような印象がありましたが、それがいつしか、ご年配の方から友達申請を多くいただくようになりました。

見ず知らずの50代後半の方から「おはよう～今日も頑張ろう(≧∀≦*)/」と顔文字付きでメッセージが飛んできた経験も1度や2度ではありません。リアルでそんなノリの挨拶を年配の方からされたら、全身の毛が逆立ちますが、Facebook上でならぎりぎり許されています。

いつしか「**Facebookはおじさんとおばさんしか使っていない**」と言われるようになりました。これはおそらく、若い世代のみなさんが、Facebookをあまり使いたがらない理由の1つに該当するのではないでしょうか。

果たして、Facebookは本当におじさんとおばさんしか使っていないのでしょうか？

実は総務省が「情報通信メディアの利用時間と情報行動

に関する調査報告書」を毎年発表しています。この報告書では、メディアの利用環境の変化を踏まえ、国民の情報通信メディアの利用時間と利用時間帯、利用目的及び信頼度等について10代〜60代の計1500名に対してアンケート調査を行っています。

この報告書の中に、ソーシャルネットワークの利用度も記載されています。Facebookは各年代でどれくらい利用されているでしょうか。2016年の結果は以下のようになりました。

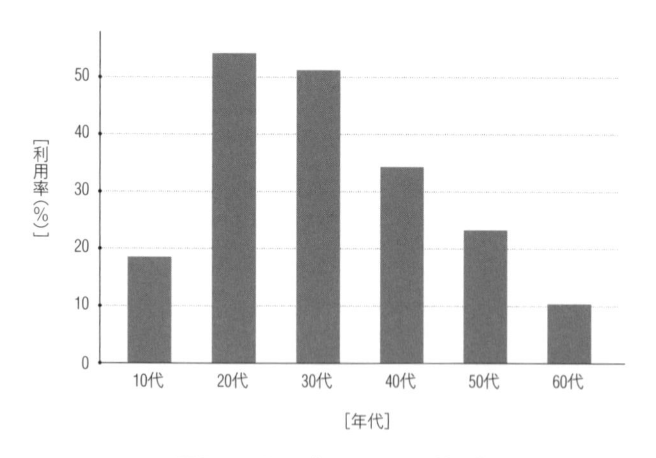

図0-1：2016年Facebook利用率

（出典：総務省「情報通信メディアの利用時間と情報行動に関する調査報告書」）

Facebookをもっとも利用している年代は、実は20代でした。僅差で30代が続きます。10代が少ないのが気になりますが、この結果を見る限り**Facebookはおじさんとおばさんしか使っていないという話は嘘です。**

そこで、データの見方を変えてみましょう。

このデータは利用「率」ですから、各年代の回答者に対してそれぞれFacebookを使っている割合を求めて計算しています。各年代の回答者数内訳は公表されていたので、そこから「Facebookを使っている数」を求めてみました。

	10代	20代	30代	40代	50代	60代	計
回答者	140	217	267	313	260	303	1,500
利用者	26	119	138	108	61	32	484
割合	18.6%	54.8%	51.7%	34.5%	23.5%	10.6%	32.3%

図0-2：2016年Facebook利用者数

（出典：総務省「情報通信メディアの利用時間と情報行動に関する調査報告書」）

実は、各年代が等しく250人ずつではありません。日本の人口勢力を1,500人に縮図すると、だいたいこのような配分となるのです。**10代が特に少ないですが、これがまさに「少子化」なのです。**

さて、そのFacebookをやっていると回答した人数の年代別内訳を見ると、また違った景色になります。

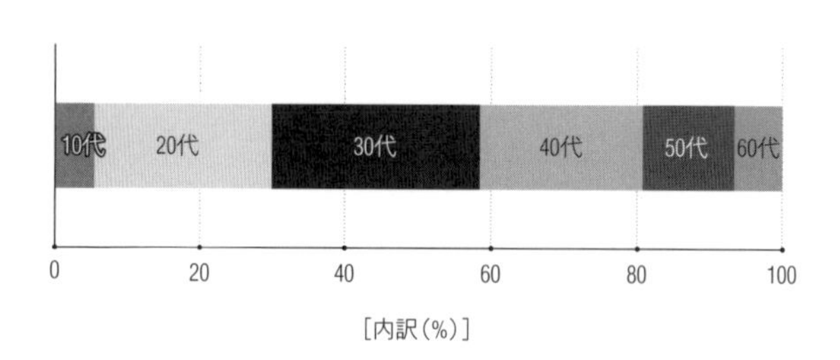

図0-3：2016年Facebook利用者数の内訳

今回のデータに限って言えば、40代～60代で全体の40%強を占めました。もっとも「**Facebookはおじさんとおばさんしか使っていない**」とまでは言い切れない結果です。

ちなみに、この調査は2012年から開始していて、5年分のデータがあります。毎年1500人分のアンケートを取っているようです。そこで、2012年～2016年の年代別Facebook利用者数の内訳はどのように推移しているかをグラフにしてみました。

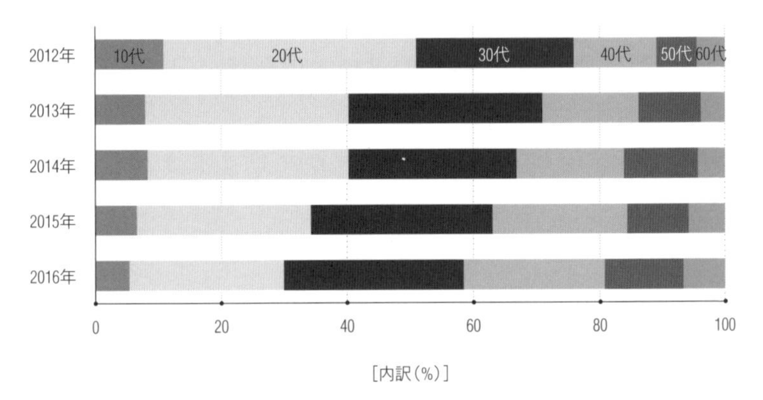

図0-4：2012年～2016年Facebook利用者数の内訳推移
（出典：総務省「情報通信メディアの利用時間と情報行動に関する調査報告書」）

今回のデータに限って言えば、2012年には10代～30代が全体の80%弱を占めていました。しかしFacebookの利用者数が増えるに伴い、その割合が下がっています。ちなみに、この5年間でもっともユーザー数が増えているのは、40代～50代でした。

	10代	20代	30代	40代	50代	60代	計
2012年	27	100	62	33	16	11	249
2016年	26	119	138	108	61	32	484
増加率	96%	119%	223%	327%	381%	291%	194%

図0-5：2012年と2016年Facebook利用者数の伸び

つまり「**Facebookはおじさんとおばさんしか使っていない**」と言うより「**Facebookはおじさんとおばさんが急激に増えているから、"ばかり"に感じる**」という表現が正確ではないでしょうか。

「おじさん・おばさん」は何歳からが正解？

最後に、物の見方そのものを変えてみましょう。

私は以前、何歳からがおじさんで、何歳までがお兄さんと呼べるのかを分析したことがあります。その結果、①20代前半から見れば一回り上はおじさん、②20代後半～30代から見れば清潔感があれば30代後半でもお兄さんだけど、ヒゲがある・肩書きが付く等あれば同年代でもおじさんだとわかりました。つまり**20代から見れば多少の違いはあっても、30代の大半は「おじさん」**なのです（女性はおばさんと言えるかは不明ですが恐らく男性同様に考えていいのでしょう）。

では、そもそものお題に立ち返りますが、「Facebookはおじさんとおばさんしか使っていない」という意見は「誰」の目線なのでしょう。まさか、30代の感想ではないでしょう。おそらく10代か20代の意見だと思われます。だとすると、今まで40代以上をおじさんおばさんとする分析を改める必要があります。

図0-4を見直してみて下さい。すると、「**Facebookはおじさんとおばさんが急激に増えているから、"ばかり"に感じる**」という表現が実に的確だとわかります。

ここで述べた説明はあくまでデータの読み方の1つに過ぎません。これが真実だ、とも言い切れません。しかし「**Facebookはおじさんとおばさんしか使っていない」という発言は、ちゃんと検証しないと鵜呑みにはできないことはわかるはずです**。

ましてや「Facebookはおじさんとおばさんばかり」と聞いて「そうそう!」「私もそう思っていた!」と、もしみなさんがかつて同意していたなら、「私は認知バイアスに引っかからない」という宣言は、1度引っ込めていただければ幸いです。

「Google嘘っぽい」とツッコむ力こそ「リテラシー」だ

データを鵜呑みにせず、バイアスに誤魔化されないためには「その話は本当ですか?」「そのデータの読み方は正しいですか?」というツッコミが必要です。私はこの**ツッコむ力を"リテラシー"と呼んでいます**。高いリテラシーを持てば、スムーズにデータを読めるでしょう。

リテラシーとは簡単に言うと、適切に読み取り、適切に分析し、適切に表現する力です。インプット、思考、アウトプットの3つを合わせてリテラシーと呼びます。どれか欠けてもいけません。

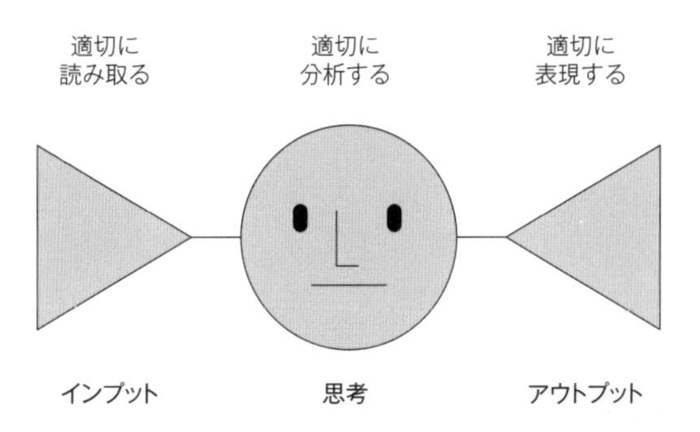

図0-6：インプット＋思考+アウトプット＝リテラシー

「◎◎は信用できない」という言葉が使われるようになっています。Googleは信用できない、マスコミは信用できない、政府は信用できない。問題なのは信用できないからと切って捨てて、一切の情報を遮断してしまい、その他に依存してしまうことです。

2016年4月、タレントで当時はインスタグラマーとして活躍されていたGENKINGさんが「Googleの検索結果はリアルじゃない、その点でInstagramは個人がやっているからリアル」と発言して、デジタルマーケティング界隈が騒然となりました。SEO対策もされて、広告も表示されていて、要は**Googleってなんだか嘘っぽいよねという主張**です。

しかし後に、本人がテレビでInstagram上での「虚飾」を告白し、1000万の借金をしてまで偽りのセレブ生活を送っていたと明らかにしています。なんと「Googleはリアルじゃない」と語っていた本人そのものがリアルじゃなかった、というオチがついて、全員が吉本新喜劇のようにコケてしまいました。

目に見える範囲だけで判断してはいけません。背景を読み取らなければいけません。そのためにリテラシーが欠かせないのです。リテラシーを持っている大人は「◎◎は信用できない！」と拒否反応を示さず、様々な情報に分け隔てなく接して、これは信用できる、これは信用できないと自分で考え、咀嚼しています。もちろん認知バイアスにも簡単には引っ掛かりません。

そうしたリテラシーを多くのデータサイエンティストは身に付けています。数字に慣れているからではなく、**普段から仕事を通じて、洞察力、思考力、論理力を働かせているから**です。結果的に、適切に読み取り、適切に分析し、適切に表現するリテラシー力が高まっていると言えます。

課題発見のためにトヨタは「なぜを5回繰り返す」

データサイエンティストは普段、どんな仕事をしているのでしょう。

端的に言うと「分析」になりますが、そもそも分析にも大きく分けて3つの型があります。**課題発見型、課題解決型、結果検証型**です。イメージし難いかもしれませんから、「恋人との仲がちょっとギクシャクしている」という問題で考えてみましょう。

なぜ、ギクシャクしているのでしょうか。うまく行かない理由が何かあるはずです。**その理由を見つけ出す分析が「課題発見」**です。

たとえば付き合い始めてから今日までのLINEのやりとりを計測すれば、最近は回数や文字数が減っている傾向に気付きます。それ以外にも、感覚でしかない“ギクシャク”を、少し強引ですが既読スルー回数や返信があるまでの時間に置き換えて表現します。もしかしたら、かまっていないから拗ねているだけかもしれません。

要は変化を数字で表現して「これが理由じゃないか？」という仮説を立てる分析が「課題発見」です。

課題が明確になると、**どうすれば良いかを考える分析が「課題解決」**です。

たとえば、LINEでの1日のやりとりの回数・文字数を、付き合い始めた頃に戻せば、既読スルー回数が減り、即レスが増えると考え、付き合い始めた当初の平均値である1日100回2000文字以上という目標を立てます。あるいは、そもそも課題を解決しないという考え方もあります。すなわち、別れるという選択肢です。

要は課題の解決方法を数字で表現して、「これで上手くいくよね？」という仮説を立てる分析が「課題解決」です。

解決方法を実行に移すと、多少は時間がかかるでしょうが、必ず結果が現れます。その結果が、課題解決で想定していた結果と**どれくらい違っているかを振り返る分析が「結果検証」**です。

たとえば、やりとりの回数や文字数をどれくらい増やしたら、どれくらい既読スルー回数が減り、返信までの時間がどれくらい短くなったかを確認し、当初の想定との差異を明らかにします。差異が出るのが悪いのではなく、なぜ差異が出たのかを考えることに意味があります。うまくいかない時は、もしかしたら解決方法が間違っているか、そもそも課題自体が間違っているかもしれません。

要は予想と結果を数字で表現して「何が違ったのか？」という検証をする分析が「結果検証」です。

ちなみに、さきほど紹介した「**Facebookはおじさんとおばさんしか使っていない**」**分析**は、そもそも何が問題なのかを探索する分析でしたので、課題発見型になります。

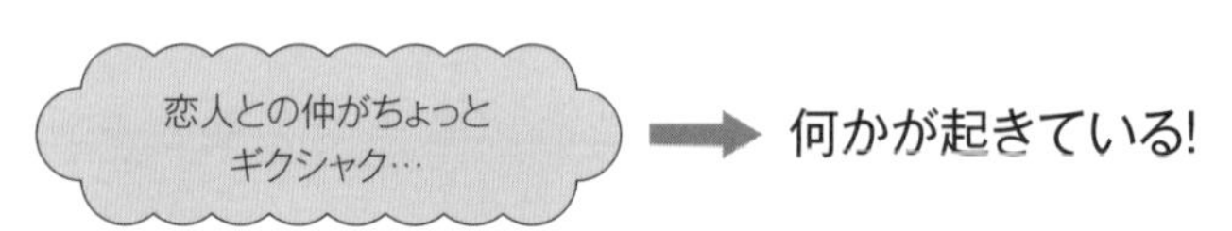

考え方	原因	結果
課題を発見する（課題発見）	連絡する回数も量も減っている。	かまっていないからスネてる？
課題を解決する（課題解決）	やり取りの回数を増やす。	元の関係に戻る？
解決できたか振り返る（仮説検証）	増やしても変わらない。	元の関係に戻るには違う方法がある？

図0-7：分析の3つの型

この3種類の中で、もっとも重要な分析は何でしょうか。それは「課題発見」です。**解くべき問題を間違えれば、その後の分析は何の意味もありません**。最初が肝心です。

私はよくデータ分析の相談を受けます。その大半はすでに課題は見つかっていて、どうやって解決すべきか分からないという相談ですが、実際は課題自体が間違っている場合がよくあります。本当に解決しないといけない課題は、すぐには見つかりません。だからあの世界的大企業トヨタは「なぜを5回繰り返せ！」と厳しく社員を指導しているのです。

「インチキデータ」はなぜ発生するのか

「恋人との仲がちょっとギクシャクしている」という問題を振り返ってみて下さい。難しい統計学や機械学習より

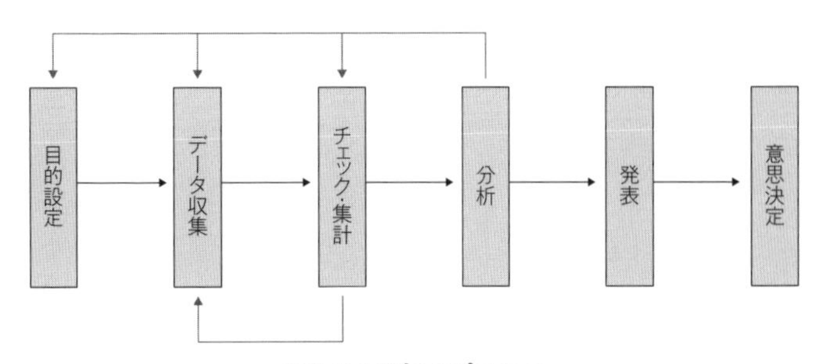

図0-8：分析のプロセス

も、「ギクシャク度合いをどうやって数字で表現するか」「何が理由でギクシャクしているか考える」方が難しそうに思いませんか？

データサイエンティストはこうした数字や理由の「発見」が得意です。なぜなら**発見につながる分析のプロセスが確立されているから**です。

分析の目的は課題発見型、課題解決型、結果検証型それぞれ違っていても、結論を出すまでのプロセスは同じです。図で表現するとつぎのようになります。

最初に目的設定を行います。先ほど紹介した分析の型に沿って、なぜギクシャクしているのか、何をすれば元通りになるのか、何か変化は起きたのか、つまり何を知るために分析をするのかを決めるのが目的設定です。

あらゆる分析は、この「目的設定」が方向性を左右します。方向性を間違えれば、どんなに良いタイムで走っても反則で失格です。やるべき努力を間違えないために、目的設定は一番時間がかかります。左脳的な論理性が求められます。

つぎに、データ収集を行います。目的設定で定めた「知りたいこと」を明らかにするために、どんなデータが必要か考え、収集します。データがなければ、測るところから始める必要があります。

ギクシャクする理由を考えるために、ギクシャクの原因として「LINEのやりとり回数」や「文字数」、ギクシャクの結果として「既読スルー回数」や「返信までの時間」というデータを用意します。ギクシャクさという曖昧なものを「既読スルー回数」という数字と結びつけるなど、このプロセスでは右脳的なエモさも求められます。

分析とは単なる個人の感想ではなく、物事を分解して「何故」を考える方法です。そのためには万国共通で認識違いが起きない、「数字」で表現するのが1番良いのです。だからデータ収集というプロセスが必要になります。

次に、集めたデータのチェック・集計を行います。集めたデータが100%正確で、計算ミスがまったくないとは限りません。変なデータを含んだまま分析してしまうと、変な結果になります。私自身、前のプロセスに戻って、収集をやり直した経験は何度もあります。地味で地道な作業なのですが、チェック・集計というプロセスがデータの精度を担保します。

その代表例が、2018年2月の国会で「働き方改革」の目玉として取り上げられた裁量労働制をめぐるデータ異常値問題です。1日や週単位では残業時間がゼロなのに、月単位ではちゃんと残業時間が記載されているデータが多数存在したとして、大問題になりました。

野党やマスコミは「官僚が忖度(そんたく)した！」「陰謀だ！」と批判の大合唱でしたが、データサイエンス界隈では「データのチェックをしてなかったんだろう」「官僚は意外とデータが読めない」と冷笑している人が多かった印象があります。

ここまで出来て、いよいよ分析に取り掛かります。

この「目的設定」「データ収集」「チェック・集計」という3つのプロセスは、どのデータサイエンティストも時間を惜しみません。このプロセスの時間を省いたり、手を抜いたりすれば、精度の悪い分析結果が出てきて、何度でもやり直す羽目になるからです。

「データを読む」ために必要なリテラシーを高める訓練をしよう

本書では「データを読む」ために必要なリテラシーを高めるための訓練として、実際のニュースを使い、関連するデータをありのまま読むことにしました。**なるべく専門性が高い内容は避けて、皆さんにも馴染みがあるニュースを取り上げます**。

普段、私たちが目にするニュースはデータにあふれています。データは信ぴょう性があって信頼できる根拠のひとつだからです。しかし、きちんとデータを読めば、報道されているニュースの中には、明らかに変なデータが紛れ込んでいることに気付くことができます。

もっとも、私のデータの読み方が常に正しいと断言するつもりはありません。データをちゃんと読めばこんな見方ができるのか、というひとつの気付きになれば幸いです。

今回扱うニュースは、訪日観光客の増加、アベノミクスの成果、東日本大震災、失業率の低下、温暖化問題、相対的貧困、若者の○○離れ、エンゲル係数の上昇、世論調査の信憑性、ダイエット、計10個あります。

お題に関するデータは、主に政府系機関が公開しているオープンデータを使います。オープンデータとはインターネットなどを通じて誰でも自由に入手可能で、利用・再配布ができるデータを指します。

最初に紹介した「情報通信メディアの利用時間と情報行動に関する調査報告書」もオープンデータです。この単語で検索してもらえば、皆さんも同じデータに目を通すことができます。参照元は巻末の参考文献を見て頂くか、図版にその都度、データ参照元とオープンデータ名の形式で紹介していきますので、じっくり読みたい場合はチェックしてみると良いでしょう。

左脳的な論理性が問われる「目的設定」、右脳的なエモさが求められる「データ収集」、正確性が問われる「チェック・集計」、ほんの少しの統計知識が必要な「分析」、この4つのプロセスを通じて、リテラシーを高めていく訓練をさっそく始めていきましょう！

01.
「世界から愛される国、日本」に外国人はどれくらい訪れているのか

> **17年度訪日外国人、過去最高 3000万人目前**
>
> 観光庁は18日、2017年度に日本を訪れた外国人旅行者数が前年度比19・9％増の2977万人となり、過去最高を更新したと発表した。訪日外国人旅行者は17年暦年で2869万人（前年比19・3％増）と過去最高を更新しており、年度では3000万人突破が目前に迫った。
>
> 安倍政権は東京五輪・パラリンピックが開かれる20年に訪日外国人旅行者を4000万人とする目標を掲げている。観光庁の田村明比古長官は18日の記者会見で「我々の目標に向けて堅調に推移している。重要な政策を加速していきたい」と述べ、目標達成に全力を挙げる考えを示した。
>
> （2018年4月18日付毎日新聞より）

世界中から愛されている日本

「日本人になりたいヨーロッパ人」「ハーバードでいちばん人気の国・日本」「日本はなぜ世界でいちばん人気があるのか」「日本に住む英国人がイギリスに戻らない本当の理由」「イギリスに住んで確信！　日本はイギリスより50年進んでいる」……。

これらはいずれも、近くの書店に立ち寄った際に目に止まった書籍のタイトルです。最近はこういう「日本賛美」本を目にする機会が増えました。口が悪い人は「愛国ポルノ」と表現していますが、いずれにせよ日本の評判が上

がってきているなら、それに越したことはありません。**素敵な日本に訪れる観光客が増えそうだからです**。人が増えれば街が賑わい、チャリンチャリンとお金が回ります。

ここ数年、外国人観光客が目で見てわかるほど増えました。ちなみに私の地元である大阪は今、外国人フィーバーに沸いています。特にグリコの看板で有名な道頓堀・心斎橋界隈は日本人観光客より外国人観光客が多いと言っても過言ではありません。中でも韓国人が多く、ここは明洞（ミョンドン）かと錯覚しそうになります。

それは、通天閣がある新世界も同様です。僕の記憶では、20年ほど前は上半身裸の泥酔したオッサンが缶チューハイ片手に意味不明な言葉を叫んでいる光景が日常でした。中川家礼二の誇張されたモノマネだと思っている人もいるでしょうが、学校サボって映画館に行っていた私が絡まれたのですから間違いありません。しかし、そんな風景も一変してしまいました。

では韓国人は、日本をどれくらい好きなのでしょうか。特定非営利活動法人言論NPOと東アジア研究院が共同で、日韓に対する印象を調査した共同世論調査を見てみましょう。日韓両国はお互いの国をどのように思っているのか、結果は図1-1のように推移しています。

日韓双方の過半数が、相手国の印象を「良い」と思っていないようです。それでも韓国に関しては少しずつですが、良い印象を持っている層が増えてきています。

日本に良い印象を持っていない人たちが多い韓国ですら、道頓堀・心斎橋界隈を埋め尽くすほど日本を訪れているのです。**日本を愛している外国人が増えたからこそ、訪日外国人が増えたに違いありません**。調べてみました。

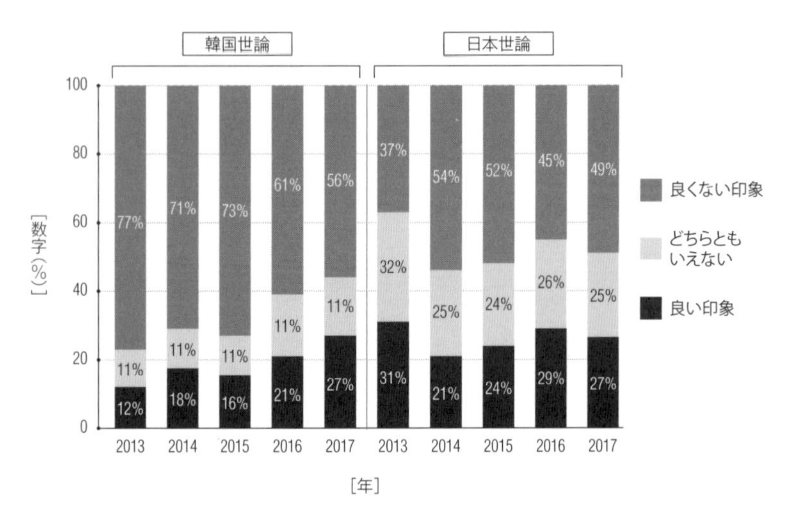

図1-1：第1回〜第5回日韓共同世論調査 日韓世論比較結果

（特定非営利活動法人言論NPO及び東アジア研究院）

日本を訪れる外国人の内訳は…

JNTO（日本政府観光局）によれば、日本に訪れている外国人の国別内訳は図1-2のように推移しています。

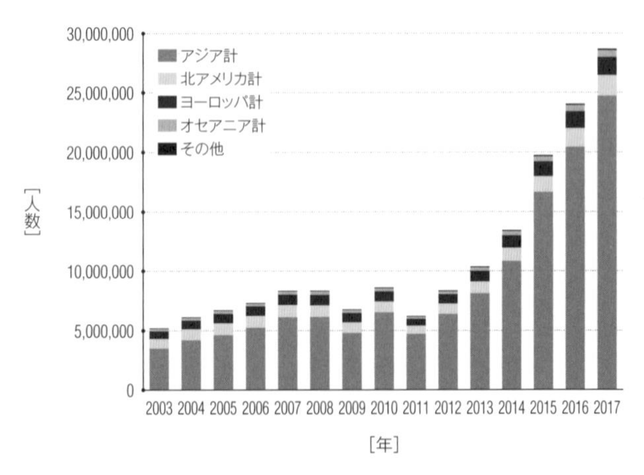

図1-2：域別訪日外国人内訳

（日本政府観光局　国籍別訪日外客数）

2003年当初、訪日外国人旅行を推進する「ビジット・ジャパン・キャンペーン」を行い、2010年までに訪日外国人が1000万人を超えることを目指していました。しかしリーマンショック、東日本大震災が重なり、一旦850万人前後で頭打ちしてしまいます。

ところが2012年末に第二次安倍政権が発足すると、円安やビザ緩和により訪日外国人が急増しました。2017年には約2869万と、大台の3000万に迫る勢いです。

大陸別に見ると、その大半はアジアからの訪日観光客だと分かります。ヨーロッパも北アメリカも日本が好きなはずなのに、アジア圏の10分の1とはどういうことでしょう。ちなみにアジア圏の内訳は図1-3の通りです。

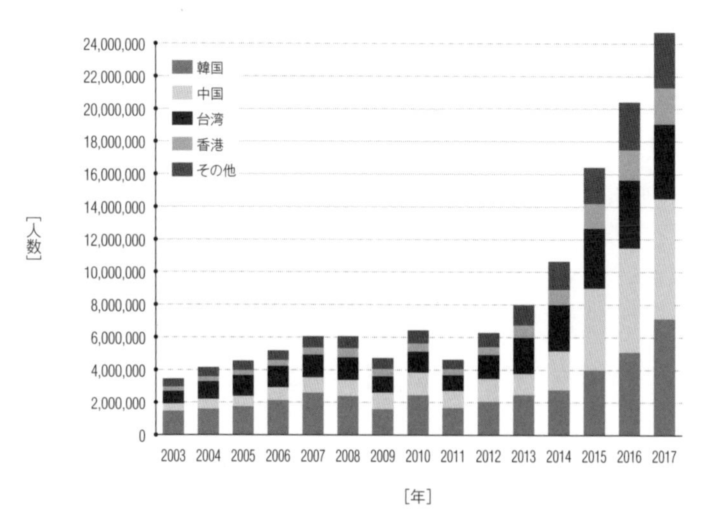

図1-3：アジア圏における訪日外国人内訳

（日本政府観光局　国籍別訪日外客数）

2017年は、中国から約735万人、韓国から約714万人、台湾から約456万人と全訪日外国人全体の約67%を占めます。台湾はともかく、中国も韓国も「日本が好き」という印象はありません。

どうやら**日本を愛している外国人が増えるのと、訪日外国人の多さはほとんど関係が無い**ようです。「愛国ポルノ」が増えたのは、日本を好きになった外国人が増えたからではなく、恐らくは**「日本賛美」が私たちにとって耳ざわりがいいから**なのでしょう。

そもそも、この理屈で考えるなら観光客がもっとも多い国は世界で一番愛されていることになります。ちなみに、最新のデータでは図1-4のようになっています。

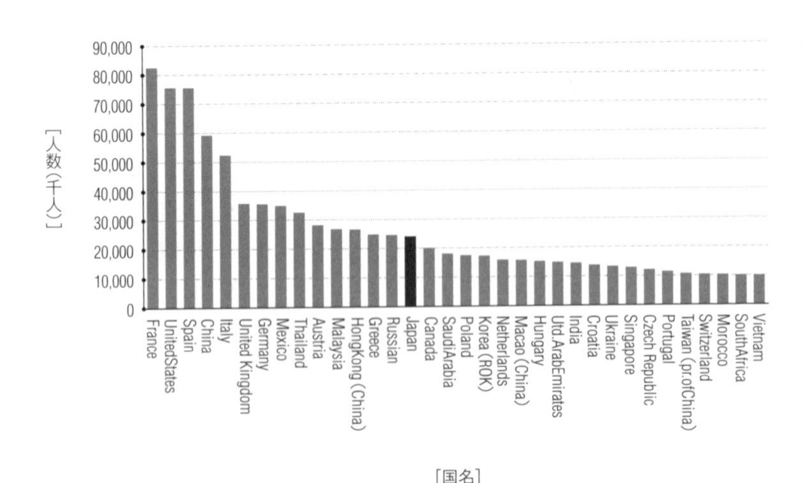

図1-4：国別国際観光客到着数（2016年）

（世界観光機関　Tourism Highlights）

1位フランス、2位アメリカ、3位スペイン、4位中国、5位イタリアと続いて日本は16位、アジア圏では5位になります。**世界で一番人気があるはずの日本が16位**とは、信じられない結果でしょうか。私の場合は世界1位の経済大国であり広大な土地と観光地を誇るアメリカが、フランスに負けていることが信じられません。

なぜフランスが1位で、中国がアジア圏1位なのでしょうか。その理由を探れば、日本がさらに順位を上げるヒントを発見できるかもしれません。

「フランス世界1位」「中国アジア圏1位」の理由

フランスは、30年以上も国際観光客数世界一を誇る世界有数の観光立国です。観光客に対するきめ細やかな配慮も当然あるでしょう。フランスの人口は約6700万人、そこに年間通じて延べ約8200万人が訪問しています。

そこで、約8200万人の内訳を調べてみました。結果は次の図1-5の通りです。

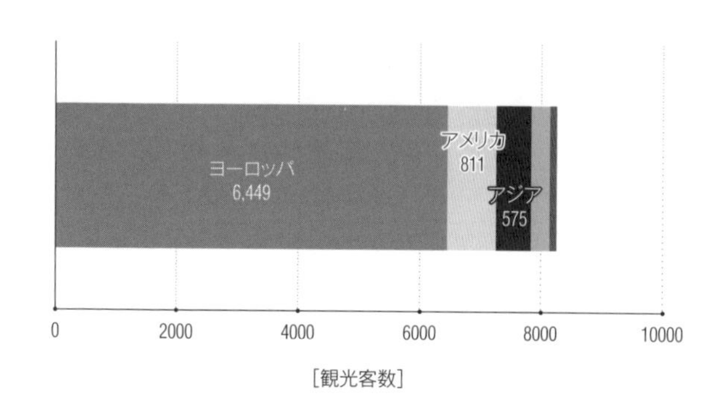

図1-5：フランスの国別外国人訪問者数（2016年）

（フランス経済・財務省企業総局　LE TOURISME INTERNATIONAL EN FRANCE）

約8割がヨーロッパ圏内でした。そのうち、ドイツ1291万人、ベルギー・ルクセンブルグ1066万人、イタリア736万人、スイス648万人、スペイン593万人と、フランスと国境が隣接する国からだけでも、都合4334万人が訪問しています。

観光客の移動手段を見ると、道路経由53.4%、飛行機経由32.9%、船経由7.8%、列車経由5.9%と、圧倒的に陸地経由のラフな旅であることが分かります。日本で言うところの近場で1泊2日旅行みたいなものでしょうか。宿泊日数は次の図1-6の通りです。

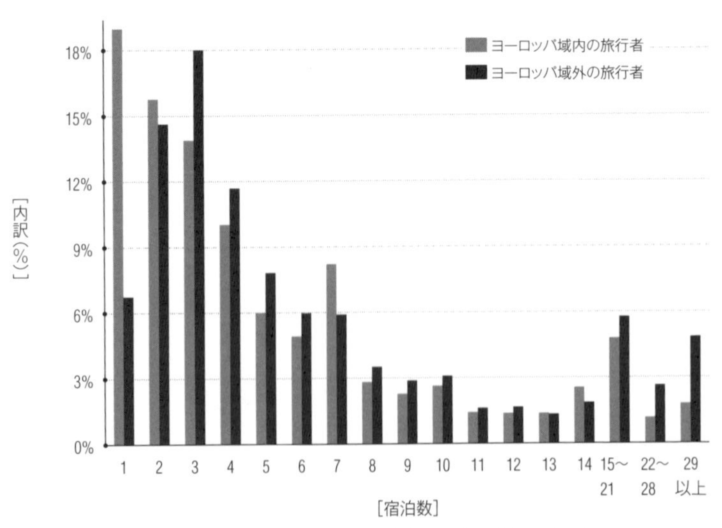

図1-6：ヨーロッパ域内・外別旅行日数（2016年）

（フランス経済・財務省企業総局　LE TOURISME INTERNATIONAL EN FRANCE）

大半を占めるのが短期滞在です。フランスはヨーロッパにとって近場の観光地だと言えるでしょう。**関東で言うところの熱海か那須塩原、関西で言うところの南紀白浜のよ**

うな存在でしょうか。

実のところ、海外旅行の約5分の4は旅行者自身の居住地域内で行われていると世界観光機関の調査で分かっています。つまり「距離」は観光産業の重要な鍵を握っているのです。

たとえば、ヨーロッパに住む人が海外旅行をするなら約5分の4はヨーロッパ域内、残り約5分の1が域外を選ぶのです。言い換えると、**観光人口が多いヨーロッパ域内の国の方が観光産業には有利**と言えます。では、各域内には、どれくらいの総人口がいるのでしょうか。ざっくりですが、次の図1-7の通りです。

	アジア	ヨーロッパ	アフリカ	アメリカ
観光客到着数	約3億人	約6億人	約0·6億人	約2億人
総人口	約44億人	約7億人	約12億人	約10億人

図1-7：域内総人口と域内観光客到着数（2016年）

（出典：世界観光機関 Tourism Highlights）

総人口のうち、約半数がアジアに集中しています。観光の潜在的なポテンシャルが高いのはアジアだと分かります。ただし、**そのほとんどが海外旅行はおろか国内旅行もままならない所得しか稼いでいない**ことは知っておくべきでしょう。アジアは猛烈な勢いで経済発展しており、ヨーロッパのように圏内旅行が当たり前になるのは、いずれ訪れる未来でしょうが、この数字からは実現にはまだまだ程遠いといえそうです。

ちなみに日本に訪れる観光客もまた、距離に関係があるのでしょうか。その国からの訪日外国人数と、その国から日本までの距離（中心地点）を散布図で表現してみました。

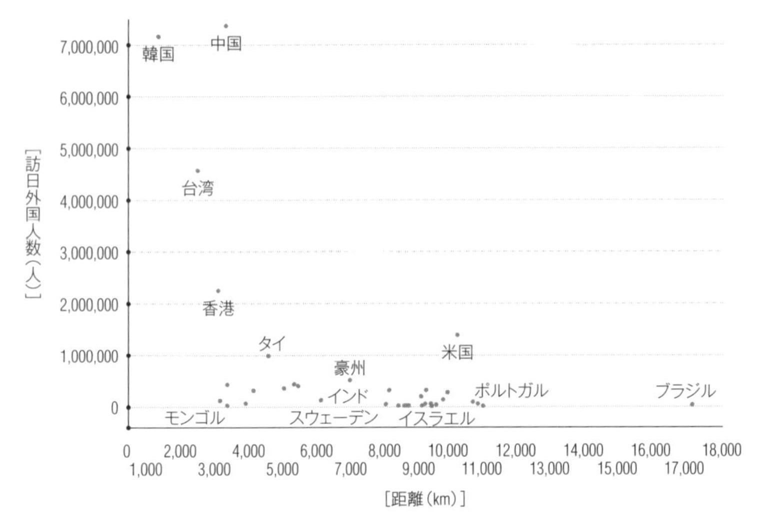

図1-8：距離（横）と訪日外国人数（縦）

（出典：日本政府観光局　国籍別訪日外客数）

日本から近く、人口も多く、海外旅行に行く財力を持っている韓国、中国、台湾、香港などの訪日外国人数が多くて当然ですね。日本は意外に恵まれた立地なのかもしれません。

では、観光客数アジア圏1位の中国は日本より先行して観光立国化しているのでしょうか。フランスと同じように、その内訳を次の図1-9で見てみましょう。

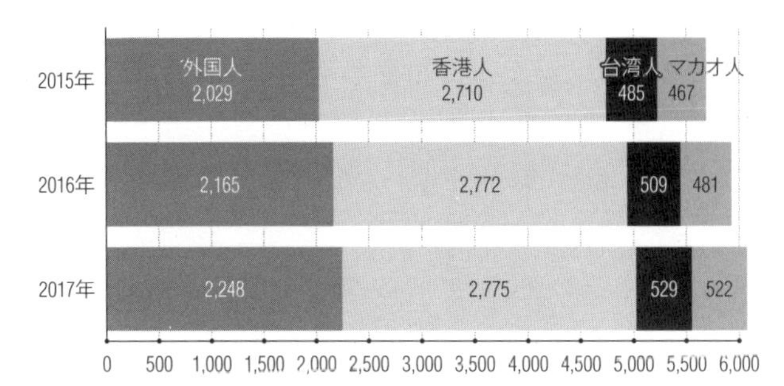

図1-9：旅客者数内訳（2015年～2017年）

（出典：中華人民共和国文化観光省）

旅客者数の約7割が香港在住者、台湾在住者、マカオ居住者だと分かりました。行政区なのか国家なのか色々な見方はあるでしょうが、文化観光省はそれぞれ別にカウントしているようです。日本から見ると意外に感じますが、中国が発表する統計資料は香港などを別に発表している場合が多いです。

韓国や日本など純粋な外国からの訪問客数は約2200万人で、この数は日本を下回っています。中国は広大な大地、豊富な観光資源を持っていますが、今のところは国内観光需要の方が大きいのかもしれません。

アジア圏で見た場合、香港への観光客数約2655万人には、中国からの訪問客数が含まれていると思われます。これを調整すると、2017年の日本はタイに次いでアジア圏2位の観光客を集めた、と見ても良いかもしれません。

国はなぜ観光に力を入れているのか？

ところで、なぜ日本政府は「ビジット・ジャパン・キャンペーン」と題して観光に力を入れ始めたのでしょうか。

世界から愛される日本になるためでしょうか。

それもあるでしょうが、**1番の理由はお金になるから**です。観光業は成長産業であり、世界の経済成長を推進する牽引役として注目を集めているのです。皆さんも記憶にあるでしょうが、観光地に足を運べば「せっかくだし」とお土産を買い、現地の物を食べるでしょう。そうした効果は観光客が多いほど絶大な効果を発揮します。

世界観光機関によれば、2016年には世界のGDPの約3%にあたる2・3兆ドルが直接寄与（宿泊など直接貢献している額）、約10・2%にあたる7・6兆ドルが間接寄与（旅行から派生する関連事業などの額）として観光で稼げたことが分かっています。ちなみに日本は、直接寄与はGDPの約2・4%である12兆円、間接寄与は約7・4%である33兆円であり、**良く言えばまだ伸び代がありますが、悪く言えばまだまだちゃんと稼げていません。**

そこで重要な指標と目されているのが「国際観光収入」です。訪問客の宿泊や飲食、エンターテインメント、ショッピングおよびその他の財・サービスに対する支出を指します。この金額が多いほど「この国は外国人観光客から稼いでいる」と見なせます。2016年は図1-10のように推移しています。

圧倒的に稼いでいるのが米国、大きく遅れてスペイン、タイ、中国、フランスと続きます。意外なのは、**フランスは観光客が多いのに国際観光収入ではスペインに負けている点**です。

そこで、国際観光収入を観光客数で割って、1人あたりどれくらいの観光収入を生んでいそうかを計算してみまし

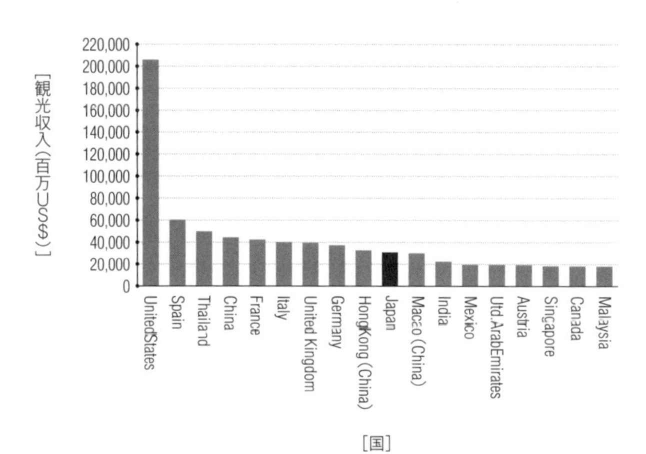

図1-10：年間受け入れ1000万人以上の国の国際観光収入（2016年）

（出典：世界観光機関）

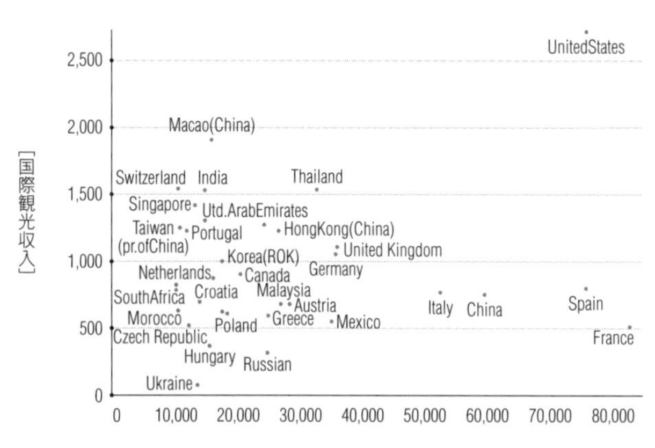

図1-11：年間受け入れ1000万人以上の国の
国際観光客数（縦）×1人あたり国際観光収入（横）（2016年）

（出典：世界観光機関）

た。1万ドル使っている人も10ドルしか使っていない人も混ざっていますから、あくまでおよその金額感です。

図1-11を見て下さい。フランス、スペイン、中国はいず

れも1人あたりに換算すると少ないことが分かりました。おそらく近くの国から来ているから、そんなにお金を使わないのでしょう。フランス政府も「せめてスペインは抜かないといけない」として、外務・国際開発省の大臣を中心に40もの提案を実行に移しています。

こうして見ると、**外国人観光客数が増えるだけで良いとは限らない**と分かります。観光客が増えるのは近くてお気軽に行けるからで、その分だけ落としてくれるお金は少なくなります。関東に住んでいる人が、箱根まで行くのと、沖縄・北海道に行くのでは、旅行に使う金額も違うのと同じです。

どうせ日本まで足を伸ばしてくれるなら、ついでにいっぱいお金を落として欲しいものですが、どうすればいいのでしょうか？

＋1都道府県訪問アクションが大事

まずは、旅行支出の内訳を見てみましょう。海外からの訪問客数が多い主要な国別の平均旅行支出は図1-12の通りです。

総額で一番突出しているのは中国ですが、その内訳を見ると異様に多いのが買い物費です。いわゆる「爆買い」というやつです。非常に有難いのですが、ほかの国と比べると明らかに突出しているので、ボーナスタイム程度に受け止めておきましょう。

つぎに、買い物費を除いた総額と、国別の平均宿泊日数の散布図を作成したところ、図1-13のように表現できました。

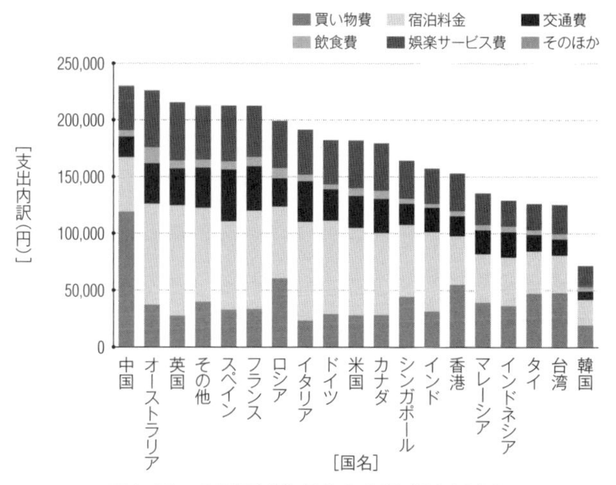

図1-12：主要国別旅行支出内訳（2016年）

（出典：観光庁「平成28年度観光の状況および平成28年年次報告書」）

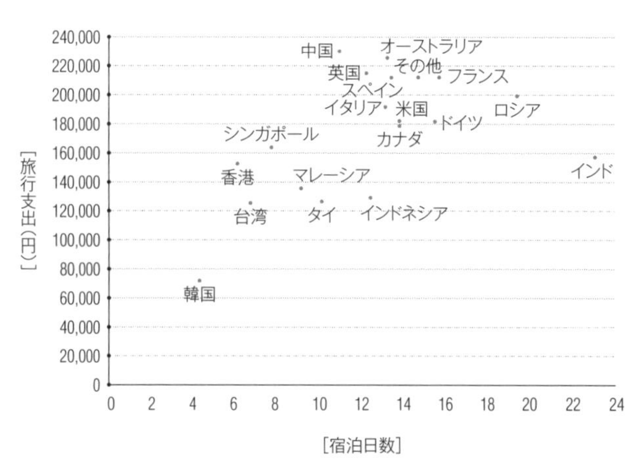

図1-13：平均宿泊日数（横）×旅行支出（買い物費除く、縦）（2016年）

（出典：観光庁「平成28年度観光の状況および平成28年年次報告書」）

ロシアとインドを除いて、綺麗な右肩上がりに比例していることが分かりました。日本からの距離が近いほど平均宿泊日数が少ないことからも、世界観光機関の指摘におおよそ合致します。ちなみに、ざっくり計算すると平均宿泊日数が1日延びると旅行支出が1万円増える計算になります。

あわせて、これらの国の平均宿泊日数と旅行支出内訳の相関係数も見てみましょう（図1-14）。

相関係数とは2つの値の関連性を意味しています。一方の値の変化によって他方の値も同じように変化すると、相関係数は±1に近付きます。逆に、一方の値が変化しているのに他方の値が変化しなければ、相関係数は0に近付きます。相関係数が±1に近いほど2つの値は何か関係がありそうだ、と理解すれば良いでしょう。

	宿泊料金	飲食費	交通費	娯楽 サービス費	買い物費	そのほか	平均何泊
宿泊料金	1.00						
飲食費	0.89	1.00					
交通費	0.87	0.86	1.00				
娯楽 サービス費	0.55	0.70	0.60	1.00			
買い物費	-0.31	-0.03	-0.30	0.00	1.00		
そのほか	-0.12	0.09	-0.09	-0.02	0.65	1.00	
平均何泊	0.61	0.46	0.52	0.29	-0.10	-0.10	1.00

図1-14：旅行支出内訳と平均宿泊日数の相関係数（2016年）

（出典：観光庁「平成28年度観光の状況および平成28年年次報告書」）

平均宿泊日数は、宿泊料金、交通費、飲食費と連動しますが、娯楽サービス費はあまり関係なく、買い物費に関しては無相関とでました。これらから、日本へ旅行するにあたって必要最低限の食・住は平均宿泊日数と連動するものの、それ以上の娯楽・土産は伸び代があると分かりました。

このことから、**より日本でお金を使って貰うためには、平均宿泊日数を1日伸ばす、娯楽サービス費・買い物費を伸ばす**という選択肢が考えられます。

ちなみに、40213人の訪日外国人に対して「どの都道府県に行ったのか？」についてアンケートをとったところ、図1-15のような結果となりました。

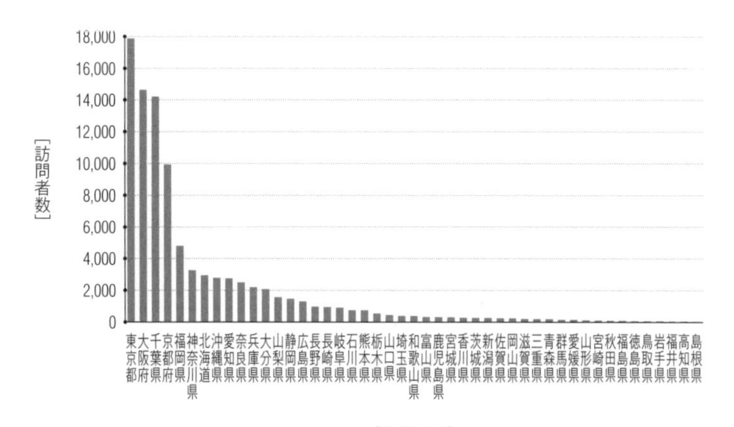

図1-15：都道府県別外国人訪問数（2017年）※重複可能

（出典：観光庁「訪日外国人消費動向調査」）

圧倒的に多いのが東京、大阪、千葉でした。千葉は成田空港か、東京ディズニーランドでしょうか。東京って付いているのに変ですね。

意外ですが意外じゃないのが、国際線の空港を持たない京都府が4位ということです。おそらく大阪に訪れたついでに京都府、奈良県、兵庫県を散策しているのでしょう。

こうして見ると、まだまだ観光地は特定の地域に集中していると分かります。国際空港がある東京、大阪、愛知を中心に考えるならば、北関東、岐阜・長野、中国・四国はもっと訪問数が伸びるはずです。**これからの外国人観光客増加のためには、いかに地方へ足を伸ばして貰うかが重要となると思われます**。観光庁は＋1泊、＋隣接県訪問キャンペーンなどに取り組んでみてはいかがでしょうか。

この章のまとめ

世界が日本のことをいくら愛してくれていても、それとこれとは別。実際には距離が近い近隣諸国からの観光が多いようです。

世界は観光を産業の目玉として動いていますが、日本はその潮流に乗れているでしょうか。最近、ベトナムやロシアへ旅行しましたが、どの国も一定数はフレンドリーな人がいて、わいわい楽しめました。私たちは電車の券売機の前に立って右往左往している外国人に「どこまで行くの？」とフレンドリーに話しかけられるでしょうか。

東京や大阪だけが日本じゃありません。日本を訪れた外国人の皆さんにはいろんな日本を訪れて、さらに日本を好きになって母国へ帰ってもらいたいものですね。

02.
なぜネットと新聞・テレビで支持率がこんなに違うのか

「朝日新聞は捏造、誤報、偏向のオンパレード」

維新・足立康史氏、衆院憲法審で

日本維新の会の足立康史衆院議員は30日の衆院憲法審査会で、安全保障関連法や森友、加計学園問題に触れ「マスメディアは偏向、中でも朝日新聞は捏造、誤報、偏向報道のオンパレードだ」と述べた。

憲法改正の国民投票の際の情報公開に関する発言で「メディアを正すか信頼度を欧米並みに下げることこそ、国民投票に必要な環境整備だ」などと持論を展開した。

（産経新聞　2017年11月30日より抜粋）

毎日新聞世論調査　内閣支持、反転険しく

今月横ばい 自民支持層、鈍い回復

毎日新聞が26、27両日に実施した全国世論調査で、安倍内閣の支持率は31%、不支持率は48%だった。いずれも4月の前回調査からほぼ横ばい。報道各社の5月の調査の中には支持率が上昇に転じたものもあり、与党関係者は「下げ止まった」と胸をなで下ろす。ただ、詳細に分析すると、不支持が支持を上回る現状はなかなか変わりそうにない。

（毎日新聞　2018年5月28日より抜粋）

ネットＶＳ新聞、乖離する支持率

ドワンゴが実施している月例ネット世論調査によると、2018年6月の安倍内閣支持率は50%超を記録したようです。調査を開始した2015年1月以降40%を下回ることはなく、むしろこの1年は上昇傾向にあります。

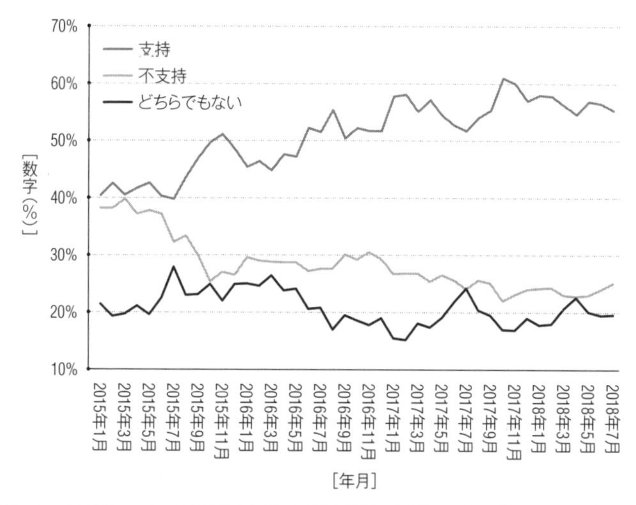

図2-1：月例ネット世論調査内閣支持率推移（2015年1月～2018年5月）

（出典：株式会社ドワンゴ「ニコニコアンケート」）

一方、毎日新聞が2018年5月26日～27日にかけて行った世論調査によれば、内閣支持率は31%を記録しました。双方を見比べると**20%強乖離している**ことになります。

ちなみに内閣発足後の毎日新聞世論調査は次の頁の図2-2のように推移しており、図2-1の推移と比較すると、乖離しているのは5月に始まった話では無いとわかります。

ニコニコアンケートに限らず、ネット上の世論調査では安倍内閣は高い支持率を誇っています。**なぜ、ここまで世**

図2-2：安倍内閣支持率・不支持率推移

（出典：毎日新聞社「世論調査」）

論調査の結果が乖離するのでしょうか。

そもそも、世論調査と言えばマスコミの役割だったようにも思うのですが、最近は誰でも「世論」を調べられるようになりました。なぜなら私たちが普段使っているtwitterやFacebookにアンケート機能が実装されており、今や誰でも簡単に「声」を拾えるようになったからです。言い換えると、それまでマスコミにしか聞けなかった「声」は、今では誰でも簡単に、気軽に拾えるようになったとも言えます。

マスコミに対して偏向しているのではないかと不信感を抱いている人たちが、twitterやFacebookを使って「声」を聞いてみると、マスコミの調査結果とはまったく違う結論だった場合、不信感に余計拍車がかかるのは、ある意味で当然なのかもしれません。

そのせいか、世論調査が乖離するのは**新聞やテレビなどの"マスゴミ"が偏っているから**、と主張する人がいます。

一方で、**ネットなんかいくらでも不正投票が可能だ**、と主張する人がいます。政権支持派も政権不支持派も、自分たちの信じたい数字が絶対で、それ以外の数字は「不正」だと信じて疑わない姿勢は共通しているようです。それでは一種の宗教ではないでしょうか。

たとえば、国政でもtwitterのアンケート機能を用いて、メディアが伝えない国民の「声」を直接国政に届けた政治家がいます。2018年4月25日、厚生労働委員会において日本維新の会・浦野靖人代議士が以下のtwitterのアンケート結果を発表しました。この結果を元に「皆さん、自信を持って国会審議を続けていただけたらと思います」と発言し、大きな話題を呼びました。

（15283票、最終結果）

麻生大臣が辞任するまで国会をサボるのは当然だ。	**6%**
それとこれは別。法案審議は国会議員の責務だ。	**94%**

（出典：浦野靖人 衆議院議員〈@uranoyasuto〉のツイート）

ネットとマスコミで世論調査の結果がこうも違うのは、何故でしょうか。

データを集めるには「ルール」が必要

熱狂的な阪神タイガースファンが愛してやまない「熱血！タイガース党」（サンテレビ）が、「野球ファン1000人に聞いた！好きな球団・嫌いな球団」を調査するため、阪神対巨人戦を行っている甲子園球場の1塁側アルプススタンドにいる野球観戦者1000人を対象に「生まれた時から応援している私たちの大好きな球団は？」「大嫌いな私たちのライバル金満球団は？」と、それぞれ調査したとしましょう。

調査結果を見るまでもなく、「好きな球団」は100％が阪神、「嫌いな球団」は100％が巨人となるでしょう。

まず**場所が悪い**。阪神対巨人戦を行っている甲子園球場、しかも阪神ファンしかいない1塁側アルプススタンドです。好きな球団に「巨人」と答えたが最後、間違いなく生きて帰れないでしょう。1000人に聞こうが2000人に聞こうが結果は変わらないはずです。

加えて**聞き方が悪い**。明らかな誘導質問です。それぞれ阪神、巨人と言わせようとしています。後者は、金満球団と表現しているのでソフトバンクと回答する可能性もなきにしもあらずですが、"私たちのライバル"と表現しているから必然的に巨人でしょう。

そもそも**質問者の素性が悪い**。「熱血！タイガース党」なんて、どう考えても阪神ファンしか見ない番組からの調査だと言われれば、ファンでなくてもサービス精神で阪神が好きですと答えそうなものです。

たとえば野党に所属する政治家が開いた集会で現政権を支持するかと聞けば、どの場所でやっても軒並み低い支持率となるでしょう。与党を支持する人たちが、野党の集会に参加するのは稀だからです。

では世論調査も同じようにやればいいか、と言えば、それは違うということは、誰しも、なんとなくでも分かるはずです。

このように、調査をするには様々な注意を払う必要があります。聞く場所、聞き方、素性、これはすべてバイアス（偏り）になる可能性があります。調査の正確性を歪めるバイアスは取り除くことが大原則であり、それができていないデータは信用に値しません。**捻じ曲げられたデータ**だと言えます。

ネットと新聞・テレビなどのマスコミで世論調査の結果が違うのは、こうしたバイアスを取り除けているか否かではないでしょうか。

鍋を全部飲まなくても味見はできる

マスコミが行う世論調査では、日本にいる有権者全員を想定して、その縮図となるような回答者を抽出しています。前者を「母集団」、後者を「標本」と言います。全員に支持率を聞いて回れることはできないので、母集団から一部を抜き出した標本に対して、支持率を聞きます。

全員に聞かずに、一部の人だけに聞く。果たして、そのような方法が適切と言えるのでしょうか。例としてよく取り上げられるのが「味噌汁の味見」です。ネット上では、落語家の立川志の輔師匠と数学家の秋山仁先生がおこなった会話のやり取りが紹介されています。

師匠「開票率5%で当確なんておかしいよ」
先生「それが統計学ですよ」
師匠「おかしいよ。まだ開票率5%なのに？」
先生「朝、大きな鍋に味噌汁作って味見するのに、丼鉢で飲む？」
師匠「小皿ですよね」
先生「それが5%よ」

大きな鍋が母集団、小皿が標本だと思ってください。

もちろん、味噌汁はずっと放置しておくと分離してしまいます。したがって入念にかき混ぜます。その後で大鍋の味噌汁からすくったお玉の中の味噌汁は、全体と同じ濃さです。そして、すくった味噌汁を小皿で飲んで「美味しい」「薄い」「濃い」と評価するのです。

統計的には、母比率と標本支持率で考えます。母比率は「全国の有権者全員（母集団）に調査できたら分かる内閣支持率」であり、標本支持率は「その縮図（標本）で調査できた内閣支持率」を差します。一般的にすべての世論調査は標本比率です。

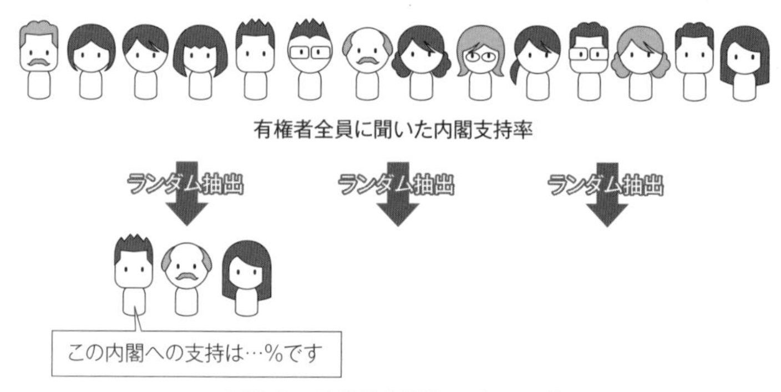

図2-3：母集団と標本のイメージ

標本比率が仮に30%だったとして、母比率が必ずしも30%とは限りません。95%の確率で30%±1.96×母標準偏差（√{標本比率×(1-標本比率)÷標本の数}）で求まります。

数式が苦手で難しいと思われたなら、3つのことを知っておいて下さい。

1つ目、母比率は標本比率の結果から上下数%で収まりま

す。標本比率30%なら、母比率は26.8〜33.2%といった具合です。

2つ目、標本の数が多いほど上下数%の幅は狭まります。標本数が500人なら±約4.02%、1000人なら±約2.84%、5000人なら±約1.27%まで狭まります。

3つ目、95%の確率と言いましたが、要は5%の確率で母比率が標本比率から外れる可能性があります。何度も同じ方法で標本抽出を行い、支持率を聞いた結果、上下数%の範囲内に収まる割合が95%という意味です。言い換えれば、5%は外れる可能性があります。

母集団から標本を抽出するときのルール

味噌汁をかき混ぜるとは言いますが、標本の抽出は非常に難しく色々細かいルールがあります。

まず、**母集団からの標本抽出は、必ず無作為でなければいけません**。意図して味噌汁の上澄みだけをすくって「味が薄いね」なんていう演出をしてはならないのです。標本が偏っていれば、標本比率から母比率を求めても、偏った結果になってしまう可能性があります。

NHKの世論調査の場合、統計理論に則って「層化無作為二段抽出法」という方法を選択しています。まず全国をブロックに分け、それぞれの市区町村を都市規模と産業別就業人口構成比によって並び替えます。そして各ブロックの人口数の大きさに比例して、調査地点を系統抽出します。次に抽出された調査地点の市区町村の住民基本台帳から、1地点につき一定数の調査相手を等間隔で抽出します。

要は超絶面倒な作業を経て、**無作為であること（作為的に一定層の塊を抽出しようとしないこと）を担保しようと**

しているのです。

調査は、訪問の場合もあれば電話の場合もあります。電話の場合は、RDD（ランダム・デジット・ダイヤリング）と呼ばれる、無作為に数字を組み合わせて番号を作り、電話をかけて調査する方法が使われます。朝日新聞社などは固定電話だけでなく携帯電話も対象、平日ではなく休日、時間帯は昼間かけてつながらなくても、夜まで待って再び電話する場合が大半です。

次に、質問をするにしても、メディアによって微妙に異なります。たとえば日経新聞の世論調査では、内閣を支持するか質問する際、支持・不支持を答えなかった人に「お気持ちに近いのはどちらですか」と重ね聞きしているようです。そのため「分からない」などと態度を表明しない割

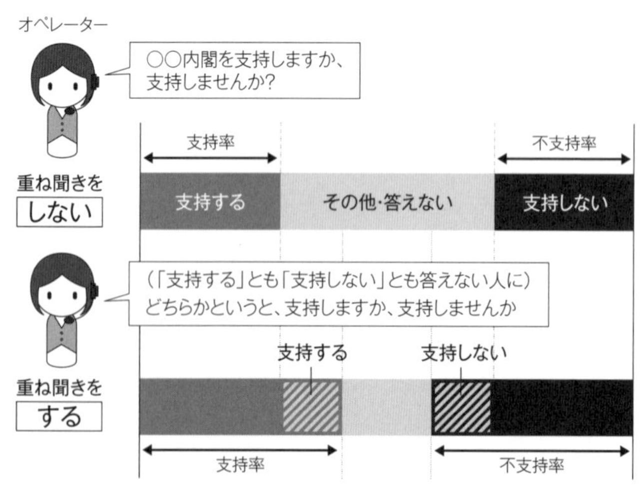

図2-4：聴き方によって変わる支持率

合が低くなる特徴があります。
　一方で、毎日新聞の場合は「支持する」「支持しない」「関心がない」という第3の選択肢を用意して聞いているため、日経新聞の結果とは傾向が大きく異なります。

　聞き方が違うため、同時点のマスコミ各社の世論調査どうしで支持率を比較しても意味がありません。マスコミそれぞれの**支持率の推移に意味があります**。
　これらを踏まえると、日本維新の会・浦野靖人代議士によるtwitterのアンケートは、バイアスの除去は適切だったと言えるでしょうか。場所や聞き方が結果に影響を与えていると、主にリサーチ業界から強い批判の声が上がったのですが、その声が浦野代議士の耳に届いていれば幸いです。
　ニコニコ動画アンケートについても、解答したい人が解答している仕組みですので、これは世論調査レベルでバイアスを除去しているとまでは言えないでしょう。
　ただし、マスコミの採択している方法が万全とも言えません。RDDに関しても弱点もあります。
　その点を突いて「松本はあえてこの弱点に触れていない！　所詮は反日マスコミ新聞出版社から出た本の偏向分析だ！」と、まるで鬼の首を取ったかのようにtweetする人も出てくるかもしれません。
　でも、だったら逆に聞きたいです。**何ら偏っていない、真の精緻な世論調査はどこにあるのでしょうか**。そんなものどこにも無くて、なるべく偏っていない数字探しに、皆さん苦心しているというのが実際なのです。
　ニコニコ動画やtwitterで恣意的に聞いた支持率に比べて、各マスコミの支持率は統計的な処理を経ているぶん、

「真の精緻な数字」に比較的近いと考えます。

開票率0%で当確はやらせ？

衆参両院選挙が行われると、マスコミ各社は投票を締め切った8時から選挙特番の放送を行っています。よくある光景として、午後8時ちょうどになると獲得予想議席数が提示され、「与党圧勝」「与党大敗」と報道されます。まだ開票もされていないのになぜわかるのでしょう。

特に開票率が0%なのに、すでに当確と打たれる候補もいます。先ほどの「味噌汁」の話だと、飲んでもいないのに大鍋の中身の味が分かるようなものです。ネット上では不正選挙だと大騒ぎしている人もいるようです。

理由は簡単で、開票前に情勢の調査を行っていて、どの地域はどの党・どの候補に入れるかおおよそ調べているからです。さらに投票日には「出口調査」を行っています。開票するまで大鍋の中身は分かりませんが、**その大鍋を作った人に聞いたり、その大鍋を作った地元の思考を事前に調べたり、要は中身を見なくても味は推察できる**のです。ただし、それでも情勢を見誤って事前の調査とは異なる結果になった例が多くあります。日本で言えば大阪都構想の是非を問う住民投票、イギリスにおけるEU離脱を問う投票、アメリカにおけるトランプ大統領当選など……、いずれも事前の予想では大阪都構想賛成派の勝利、存続派の勝利、ヒラリーの勝利でしたが、結果は逆でした。

その理由として、投票情勢が均衡過ぎて最後までどちらが勝つかわからなかった点、そして出口調査で実際とは逆の回答をした可能性が指摘されています。要は「本当は反対だけどメディアの前では良いカッコをしたい＝賛成と言う心理」が働いたのです。選挙は何があるか本当にわかりません。

不正選挙・陰謀論をデータで検証する

それでも、日本では政治家の指示により選挙不正が行われていると信じて疑わない人たちがいます。そのバッシングを浴びた1人が、2017年に文春砲を喰らいながらも後の第48回衆議院議員選挙で当選した愛知7区の山尾志桜里さん（立憲民主党）です。

「愛知7区は無効投票数が1万を超えていて明らかに変だ」という抗議の電話が選挙管理委員会に殺到したようです。

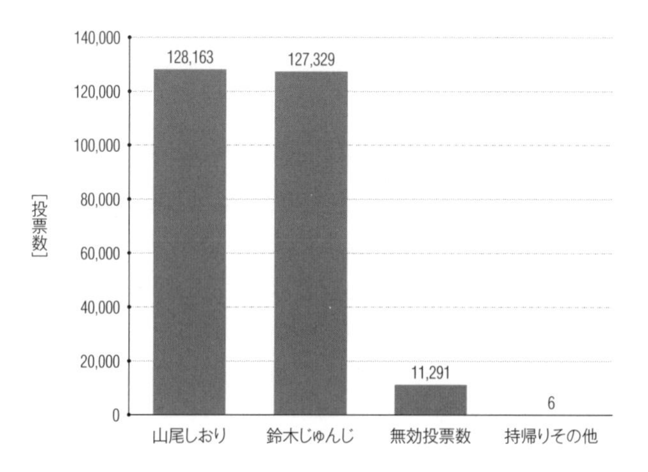

図2-5：愛知7区開票結果

（出典：選挙管理委員会「第48回衆議院議員選挙」）

確かに1万という無効票は多いかもしれません。2人の投票数の差はたった834票。もし無効投票数の10%でも鈴木候補の得票だったら、結果は変わっていたかもしれません。

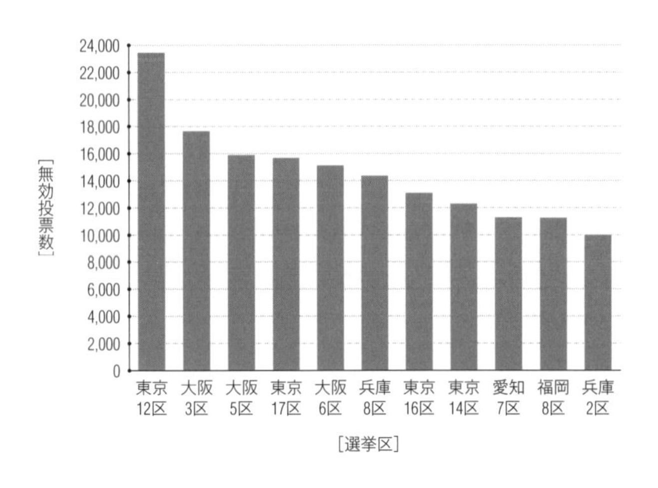

図2-6：無効投票数上位の選挙区

（出典：選挙管理委員会「第48回衆議院議員選挙」）

もちろんそんな可能性は0%です。陰謀論にも程があります。

まず第48回衆議院議員選において無効投票が1万票を超える選挙区は、全国289区中11区もあります。

特に東京12区は23453票と圧倒的な無効票です。なぜ東京12区などの区は批判されず、愛知7区が批判されるのでしょうか。論理的に考えれば違和感を覚えます。

そもそも無効票とは、**選挙会場に足は運ぶけど候補者以外の名前を書く行為**です。私も1度、大阪都構想の是非を問うとした2014年の大阪市長選挙で、抗議の意味で自分の名前を書きました。無効票扱いになったでしょう。

おそらく、わざわざ足を運んでまで無効票を入れるのは、「自分の選挙区に対する抗議」を意味しています。それでは全得票数に対する無効票が占める割合を見てみましょう。図2-7の通りです。

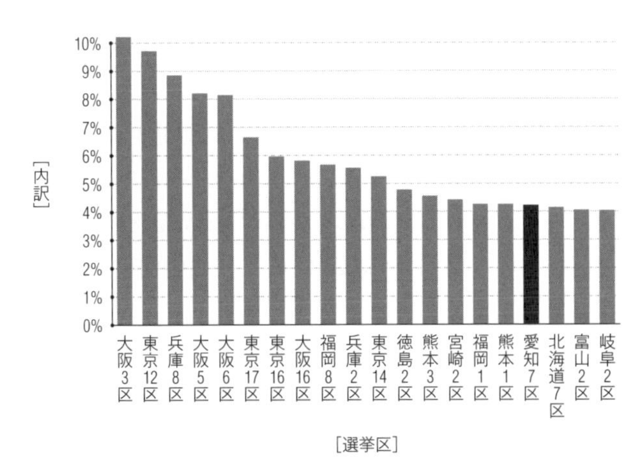

図2-7：得票総数における無効投票数が占める割合

（第48回衆議院議員選挙）

愛知7区は約4.23%で、上から数えて17番目になりました。全国289区の平均が約2.68%なので平均は上回っていて確かに多いのですが、グラフからはそれより大変な選挙区があることを物語っています。

ちなみに第48回衆議院議員選において、無効投票数のうち何%かでも対立候補に入っていれば結果が変わっていたような選挙区は、愛知7区を入れて全国289区中22区あります。**数は少ないですが珍しい現象では無い**のです。

愛知7区よりも1位と2位の得票数差分が少ない選挙区は、新潟3区（50票差）、埼玉12区（492票差）、静岡6区（631票差）があります。この3選挙区の声は無視でしょうか。**全体を見れば気付く数字です。「知らなかった」では済みません。**

この章のまとめ

自分には思いも付かない数字が出てくると、なぜかありもしない陰謀論に飛び付いてしまう人がいます。自分の信じたい数字だけに飛びついて、物事を歪曲してしまう人がいます。そういう場合、一度全体を俯瞰して見てみると良いでしょう。**絶対比較しない、全体の数字と相対的に比較する、頻繁にある現象か確認する、一番大事なのは深呼吸**でしょうか。

ただ、一番良いのは、安倍政権がしっかりと実績を上げること、政治活動を通じて愛知7区の皆さんが山尾さんを評価すること、すなわちイチャモンをつけられないぐらいの結果を残すことでしょう。

03.
結局、アベノミクスで景気は良くなったのか

> **景気回復もデフレ脱却見えず**
>
> …だが、堅調な企業業績とは裏腹に、個人消費は伸び悩みが続く。大手企業では徐々に賃金が上がっているものの、全企業の9割を占める中小企業や働く人の4割を占める非正規雇用への波及が鈍いためだ。
>
> （毎日新聞　2017年12月26日より抜粋）

> **長期政権にふさわしい構造改革を**
>
> …経済の先行きにやや明るさが見える今こそ、持続的な成長と財政健全化に道筋をつける改革に長期的な視点で取り組むべきだ。……首相は就任以来、経済政策「アベノミクス」で金融緩和、財政出動、成長戦略という3本の矢を打ち出した。確かに景気回復は戦後2番目の長さになった。消費者物価上昇率は2％の目標に達していないものの、政府の「物価が持続的に下落するデフレではない状況を作り出した」との説明には一理ある。
>
> （日本経済新聞　2017年12月25日より抜粋）

アベノミクスって本当に凄いんですか？

デフレと景気低迷に苦しんだ2012年。その年の12月に発足した第二次安倍内閣が掲げた一連の経済政策は「アベノミクス」と呼ばれています。詳しい内容はわからなくても、一度ぐらいはアベノミクスという言葉を聞く機会が

あったはずです。

アベノミクスが始まって、日本の経済はどのように変わったのでしょうか。どれくらい景気は良くなったのでしょうか。経済に関連する事柄を数値化した「経済指標」と呼ばれる統計データを調べてみた結果、就任直後と現在を比較すると、軒並み改善していることがわかりました。

経済指標約5年の変化

	安倍政権発足時 2012年12月26日		現在 2017年12月25日
実質国内総生産(GDP)成長率	0.9%(12年10～12月期)	▶	2.5%(17年7～9月期)
名目GDP	493兆円(12年10～12月期)	▶	549兆円(17年7～9月期)
日経平均株価	1万230円36銭	▶	2万2939円18銭
円相場(対ドル)	85円36銭	▶	113円24銭
有効求人倍率	0.83倍(12年12月)	▶	1.55倍(17年10月)
消費支出(実質、前年同月比)	▼0.7%(12年12月)	▶	0.0%(17年10月)
消費者物価指数(生鮮食品を除く総合、前年同月比)	▼0.2%(12年12月)	▶	0.8%(17年10月)

※実質GDP成長率は年率換算。▼はマイナス

図3-1：経済指標5年の変化

（出典：毎日新聞2017年12月26日）

2012年と今を比べて、どちらの方が景気が良いかと街角でアンケートを行うと、大半の人は「今でしょ！」と答えると私は思います。

では、誰もが手放しでアベノミクスを評価しているかと言えば、決してそうではありません。色んな新聞に目を通すと、大きく2つの傾向に分かれています。

1つは、まだ一部の人しか景気は良くなっていないし、

アベノミクスの副作用が出てきているから何とかしなければならないという評価です。もう1つは、目先の経済は良くなっているのだから、今こそ根本治療・構造改革が必要だという評価です。

つまり「景気が良くなった」と言っても、それは一部の人たちだけという見方と、景気が良い今のうちに痛みを伴う改革を実行しようという見方に分かれるのです。**どうやら「景気が良くなった」という言葉の解釈が、人によって異なる**ようです。

果たして、どちらの見方が正しいのでしょうか？　そして、なぜ「景気が良くなった」という言葉の解釈が人によって異なるのでしょうか？

そもそも「景気が良い」の定義とは……

中世において、和歌を批評する際に「景気」という言葉が用いられたのが語源だと言われています。言葉で表現された枠の外に込められた景色や雰囲気などを指していたと言われています。

それがやがて経済用語として使われるようになると、**売買や取引など経済活動全般の動向や、人々から見た経済の雰囲気を指す**ようになりました。みなさん、私の地元大阪に行ってコテコテの大阪人に会う機会があれば、ぜひ「儲かりまっか？」と聞いてみて下さい。「ぼちぼちや」という返事なら景気が良くて、「あかん、さっぱりや」だと景気が悪いという意味です。

ただし政府が経済を運営するにあたっては「ぼちぼち」「さっぱり」のような雰囲気で判断する訳にもいかないので、数値に落とし込む必要があります。そのための指標としてよく使われるのは、**GDPと、GDPの伸び（経済成長率）**です。

GDPとは、国内で生み出されたモノやサービスの付加価値の総額を意味しています。国内で使われたお金の総額とも言えます。計算方法は国連が各国に対して通知しているため、国によって数字の意味が異なることもほとんどありません。したがって、**国の経済規模を測るために世界中で使われている指標**と言っていいでしょう。GDPを見れば、その国の経済規模が分かるのです。

そして、経済が成長しているか否かは、そのGDPが増えているか否かで決まります。**1年前と比べてGDPが伸びた分だけ、経済が成長した証**なのです。一般的には、成長度合いは今年のGDPを去年のGDPで割った割合で評価され、その数字は経済成長率と表現されています。経済成長率がプラスであれば「景気が良い」と言えるかもしれません。

名目GDPと実質GDPの違い

ちなみに、GDPには名目GDPと実質GDPがあります。

両者の違いは、簡単に言えば、物価変動の影響があるか否かを指しています。ものすごくザックリ説明しましょう。たとえば、あるカフェを想像して下さい。1杯100円のコーヒーが100杯売れました。「材料費も上がってるし、値上げせな商売にならへんわ」と判断した経営者が、次の日に110円に値上げした結果、それでも同じく100杯売れました。

名目GDP的に考えると、100円×100個で10000円、次の110円×100個で11000円になり、1000円分の拡大が起きています。一方で実質GDP的に考えると、10円分は物価上昇分なので計算せず、両方とも100円×100個で10,000円になります。

つまり名目GDPは物価変動が含まれる分、経済の成長度合いが把握し辛いと言われています。そのため一般的には、**国の経済の成長を測るには実質GDPが重視されます。**経済成長率を求める場合、実質GDPを用いる場合が多いでしょう。

ちなみに日本の実質GDPは、1994年から2017年にかけて以下のように推移しています。

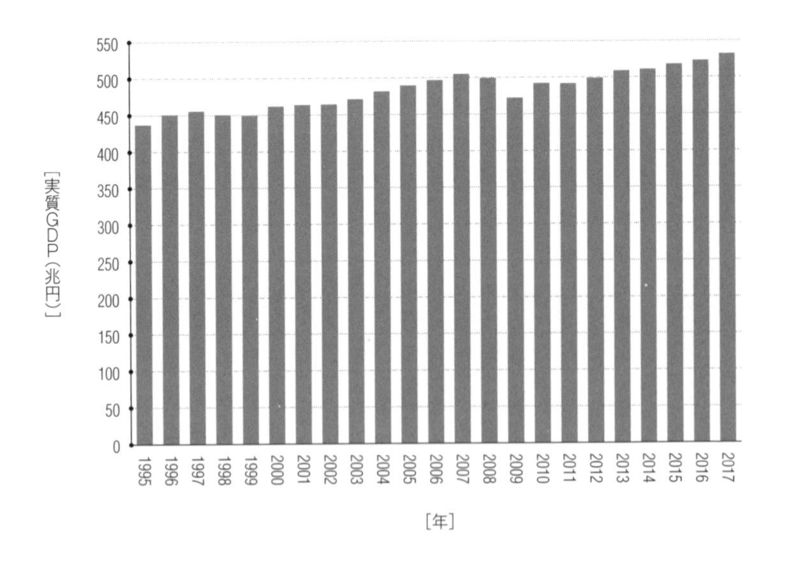

図3-2：1994年～2017年の実質GDP（2008SNA・平成23年暦年連鎖価格）
（出典：内閣府「国民経済計算」）

約450兆円台から緩やかに階段を登るようにGDPが高まっていますが、落とし穴のように大きく下降した年があ

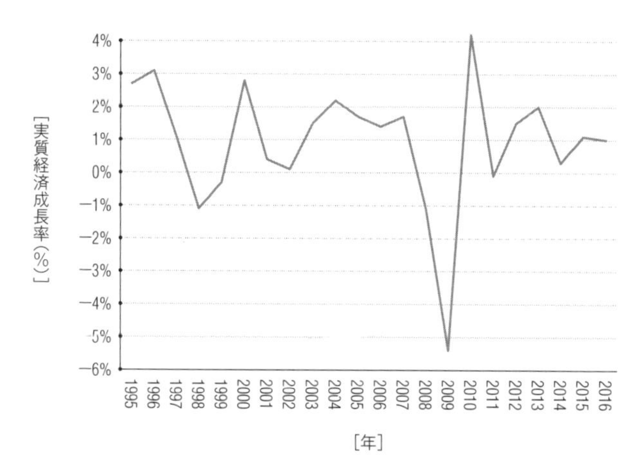

図3-3：1994年〜2017年の実質経済成長率（2008SNA・平成23年暦年連鎖価格）

（出典：内閣府「国民経済計算」）

ります。2009年、リーマンショックがあった年です。

さらに、実質経済成長率で見てみましょう。図3-3のように推移しています。

2012年〜2017年にかけてプラス成長が続いています。たった1%程度かもしれませんが成長しているのは間違いありません。つまりGDPという指標を用いて景気の良し悪しを判断するのであれば、今は景気が良いと言えるでしょう。

では、なぜ経済成長を実感できていない一部の人たちが居るのでしょうか。全体で見るとOKだけど、1つ1つを細かく見るとNGというのは、データ分析として考えれば、**どこかで矛盾が起きているのに、全体をOKだと錯覚している**と考えられます。

そこで、GDPという指標を様々な角度から細かく考えてみましょう。

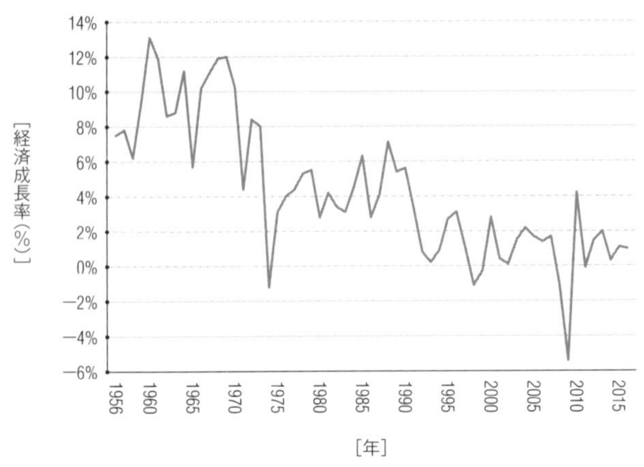

図3-4：暦年・1955年以降長期経済統計で見た経済成長率推移

（出典：内閣府「平成29年度年次経済財政報告」）

なぜ経済成長を実感できないのか？

GDPは成長し続けていますが、以前の成長に比べると、明らかに鈍化したと言われています。経済成長を実感できるか否かは、結局のところ過去と比較しなければ分かりません。**成長が鈍化し過ぎて、もはや成長を実感できないという可能性があるかもしれません。**

そこで、1956年以降の実質GDPで見た経済成長率を調べてみました。以下のように推移しています。

図3-4からも分かる通り、1955年から1973年まで続いた高度経済成長、そして1974年から1991年まで続いた安定経済成長、1992年から現在まで続く低経済成長、大きくこの3つの時期に分けて考えることができます。

10代・20代の皆さんに「景気は良い？」と聞くのと、キャリア30年のタクシー運転手に「景気は良い？」と聞くのとでは、参照するべき人生の長さが違う分、感じ方もそれぞれ違うでしょう。**何と比較して景気が良い悪いと言っ**

ているのか、実に曖昧なのです。

バブルの頃は10万円払って貰ってお釣りは全部くれたけど今はねぇ……。なんて昔話をされても、個人の武勇伝としては面白いですが、景気を推し量る上では、何ら参考にならない体験談だと言えます。

では、景気が良くなったと実感できなくなった人たちすべてを、単なる「勘違い」で済ませていいのでしょうか。そうとは言えないデータがあります。

GDPは内訳として家計消費、投資、政府支出、輸出入の4種類の項目が示されており、それらを足しあげれば約500兆円になります。家計による消費財への支払いを意味する家計消費（正確には「民間最終消費支出」）は、GDPの約57%を占めており、経済成長の鍵は一般家計の消費が握っているとさえ言われています。

この**「家計消費」の動きがここ数年変**なのです。そもそ

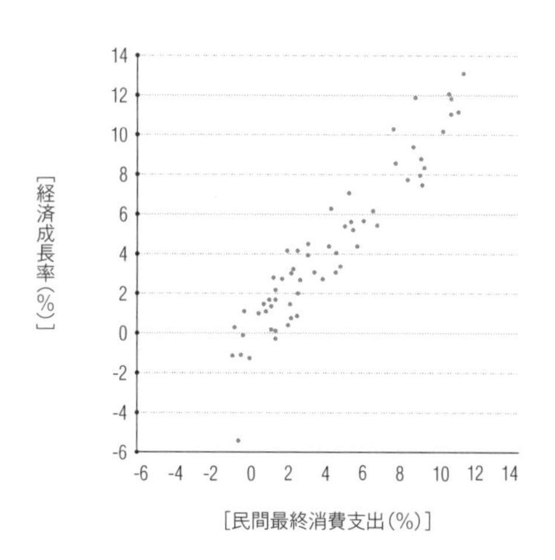

図3-5：暦年・1955年以降長期経済統計で見たGDP全体成長率、家計消費単体成長率

（出典：内閣府「平成29年度年次経済財政報告」）

もGDP全体でみた成長率と、家計消費単体で見た成長率は、前の頁の図3-5の通り極めて高い相関を示してきました。そもそもGDPの約6割を占めているので連動するのは当然かもしれません。

しかしその法則から外れて、家計消費単体で見れば成長率はマイナスなのに、GDP全体で見ればプラスになっている年があります。それが2014年、2015年です。

家計消費はさらに細かく、「家計最終支出」「除く持ち家の帰属家賃」の2段階に分解して見ることができます。詳しい話は経済書を読んで頂くとして、簡単に言えばNPOなどの組織形態を除いて本当に一般家計のみを扱ったものが「家計最終支出」、持ち家であったとしても家賃を払っている体で家計を計算していたのを辞めたのが「除く持ち家の帰属家賃」にあたります。ちなみに「家計最終支出」「除く持ち家の帰属家賃」で見ると、2016年も成長率はマイナスでした。

つまり**家計という観点で見れば2014年〜2016年は成長しておらず景気は悪いのに、その他の企業の投資や政府や輸出入なども含めたGDP全体で見れば成長しているから景気は良いという矛盾するような状態**が続いていたのです。ちなみにこの3年間、GDP全体を押し上げていたのは企業の設備投資や政府支出でした。

景気の良し悪しを自身の家計から推し量るなら、経済成長を実感できていない一部の人たちがいるのも当然です。**家計と全体でズレが生じている**のですから。

ちなみに家計の景気を調べるうえで参考になるデータとして、同じく内閣府が発表している景気ウォッチャー調査

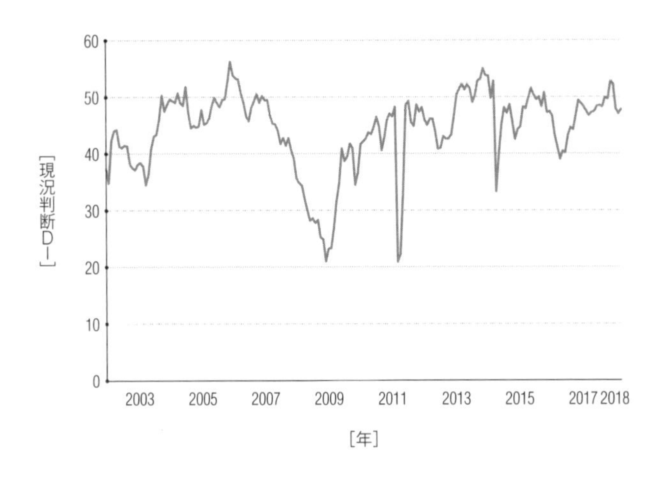

図3-6：家計動向の現況判断DI

（出典：内閣府）

が挙げられます。2000年から毎月発表している景気に関する指標です。小売店やタクシー運転手、レジャー業界など景気に敏感な職業の人々に対して、家計や企業の景気動向をインタビューして、その景況感を数値化したものです。**GDPが示す景況感とは違う「街角景気」**とも評されています。

景気ウォッチャー調査は、3カ月前と比較した景気の現状を意味する「現況判断DI」と、今後2〜3カ月先の景気の見通しを意味する「先行き判断DI」の2種類で構成されています。DIは0〜100の範囲で表現され、50が横ばい、上回れば良い、下回れば悪いという意味です。

家計動向の現況判断DIを見てみましょう。図3-6の通りに推移しています。

基準である50を超えた期間の方が少ないので、そもそもGDPと家計消費が示す経済成長率には大きな違いがあります。このあたりも景気ウォッチャー調査が景気全体ではなく、「街角景気」と評される所以でしょう。

2016年は、2014年消費増税、2011年東日本大震災、2008年リーマンショック以来の落ち込みを示しています。2017年の後半になってようやく脱却できたと思ったら、2018年にまた基準である50を割ってしまいました。街場の家計動向は、GDPで見るほど成長していないというのが実際なのかもしれません。

もしかしたら**GDPという指標自体が日本全体の景気動向を表しきれていないのではないでしょうか**。そもそもGDPという数字は、どこまで信用できる数字なのでしょうか。私たちはGDPという指標の過去、弱点、問題点に目を瞑ったまま、数字だけを見て「良い」「悪い」と判断しているのかもしれません。

GDPは20世紀の遺産

GDPはいつ頃、どのような目的で発明されたのでしょうか。諸説あるようですが、原型は1665年のイギリスだと言われています。

1665年から1667年にかけて行われた第二次英蘭戦争を前に、戦争に必要な資源が足りているか、徴税で戦費を賄えるかを見積もる必要がありました。そのために学者だったウィリアム・ペティが、イングランドとウェールズの収入、支出その他資産を推計したのが始まりでした。ただし「国の経済力の大きさを測る」という目的は同じでも、現在のGDPのような単一指標ではありませんでした。

それ以降、様々な国が経済力の計測に力を注ぎますが、**目には見えない経済という概念をどう測るかに苦戦**します。

測り方も数え方も国によってバラバラで質は悪く、国家間の比較には到底耐えられませんでした。目に見えないものを可視化・数値化するのは、それぐらい大変だったと言えます。

それから約260年後の1930年代、GDPの前身であるGNPが生まれます。キッカケになったのが世界恐慌です。フランクリン・ルーズヴェルト政権下、不況に関するより正確な情報を得るために、全米経済研究所に勤めるサイモン・クズネッツが国民所得計算を作成しました。

その結果、1929年から1932年の間にアメリカの国民生産が半減していることを明らかにしたレポートが1934年に連邦議会に提出されました。今まで表現できなかった経済力という包括的な概念が数字で表現されたこと、その数字がたった数年で半減したと示したこと。これらは全米を騒然とさせるのに十分でした。

1942年にはアメリカ発のGNP統計が発表され、運用が始まります。1947年にはマーシャル・プランと呼ばれた欧州復興計画を遂行するため、少ない資源をより効率的に使うことを目標に、国連が中心となって経済測定のための基準が作られることが決まりました。これが1953年に開始した国民経済計算体系（SNA）であり、GDPの計測方法を纏(まと)めた体系です。

どこまでGDPを信用できるのか

こうした歴史から分かるように、GDPはまだ約70年の歴史しかありません。そしてつぎに述べるように、いくつかの批判を受けながらも、いまだその解決には至っていません。

1点目は、**GDPとは単に「概念の数値化」であり、どれくらいお金が使われたのか、レシートや領収書を集めたわけでも、生産量をひとつひとつ点検したわけでもない点**です。つまりGDPを明らかにする理論があって、その理論に基づいてGDPという本来計測できないデータ、目に見えない概念を、あたかも具体的な数字を計算したかのように表現しているに過ぎません。

GDPを求める理論体系であるSNAは、1953年当初は50ページに満たないマニュアルでしたが、理論の精度をより高め、目に見えない概念をより現実に近付けるために、1968年、1993年、2008年と3回改定しました。その結果、2008年に公開されたバージョンは722ページにまで膨れ上がっています。それほど高度な計算式に進化したのです。

ちなみに、少し前のページに戻っていただくと、図3-2と図3-3には「2008SNA」と記載しています。これは2008年に公開されたSNAで作成したことを意味しています。

版を改定する度、それまで測れていなかった経済取引が測れるようになっていきました。言い換えると、測れるようになると一気にGDPが増大する可能性もあるのです。そうした例が2010年のガーナです。2010年11月5日、政府統計局は計算方法を改めたところ、GDPが一夜にして60%も増加したと発表して話題になりました。今までと何ひとつ変わらないのに、計算方法を改めるだけでGDPが一気に膨らんだのです。**果たして、そんな指標であるGDPにどこまでの信頼を寄せていいのでしょうか。**

つまりGDPとは「この枠内の経済活動を測ります」と宣

言しているに過ぎません。**経済のすべてが計測できているわけではない**のです。今でも多くの「計れていない経済取引」があります。その代表例が家庭内の生産や自家生産です。たとえばメルカリを用いた個人同士の取引もそのひとつです。この先、ますます新たな経済活動が生まれるのに、GDPの枠内でしか物事を判断しないのは正しいのでしょうか。

2点目は、**GDPの持つ正確性の担保が非常に難しい点**です。

1970年代、イギリスは英国病と呼ばれる経済停滞に苦しんでいました。経済成長率は低く、インフレ率は高く、貿易赤字は膨らむ一方。ついに1976年には、IMFに緊急融資を申請せざるを得ないほどの危機に直面します。融資の条件として財政赤字のGDP比率を一定以下に切り下げる必要があり、当時の内閣は緊縮財政を強いられることになりました。その結果、国内運営は崩壊し、3年後にサッチャー率いる保守党が政権を奪回します。

しかし後になって貿易赤字とGDPが修正され、あの時の「危機」は「危機とまでは言えない」と過大評価だったことが明らかになりました。決して作られた危機では無いのですが、あらゆるデータを寄せ集め、こねくり回しているうちに、少しオーバーに表現してしまったのでしょう。誰も責めることはできません。

様々な経済活動をカバーして、計測できていない場合は1から計測し、特定期間内のありとあらゆるデータを寄せ集め、それらをまとめて複雑な処理を施し、GDPという概念に収まるよう綿密に加工した結果が、私たちが普段目にするGDPの数字なのです。

途中で計算ミスを犯し、コンマ数%間違って下方に発表したとして、後から何をどうやって間違えたのかも確認できないでしょう。そもそもGDPの計算詳細は、日本国の場合は非公開となっています。なぜその数字になったのか、誰も検証すらできないのです。**GDPとはそういう数字なのです。**

ちなみに図3-4の長期経済統計は約60年以上の推移が示されていますが、データの参照元はそれぞれ異なります。1980年以前は平成10年度国民経済計算（平成2年基準・68SNA）、1981年から1994年は平成21年度国民経済計算（平成12年基準・93SNA）、それ以降は平成28年10-12月期四半期別GDP速報（2次速報値）です。

それぞれ基準の異なる計算方法なので、データの境目はガーナまではいかないものの数十兆円単位で違いが生じます。したがって、そうした矛盾が生じないよう特殊な処理が施されています。1990年の実質経済成長率は5.6%でしたが、その当時そのまま報道されていたかと言えば、恐らく違うでしょう。

3点目は、**経済の規模のみ評価しており、その国の生活水準の向上や暮らしの豊かさを評価できない点**です。例えばメール、LINE、アプリを使った無料通話が誕生し、私たちの日常はより暮らしやすくなる一方で、有料の郵便や電話は使わなくなりました。無料サービスの場合はGDPに計上されませんから、有料サービスが無料サービスに移行した分だけGDPが目減りします。豊かになったのにGDPが減少する（＝経済成長率が悪化する）という矛盾が生じるのです。

GDPは経済の量を計測しますが、質は計測できません。

単に、国内で使われたお金の総額であり、生活の質とは何ら関係ありません。例えば今までより耐久性に優れた製品が出ると、生活の質は向上しますが、買う頻度が落ちるので、GDPを見れば経済成長率の低下に繋がります。イノベーションにより値段が安くなると、もう最低・最悪です。

GDPと生活の質は違う。こんな当たり前で単純な話は、いつの間にか混同して認識されるようになりました。もちろん年金、医療などの社会福祉を維持するためには財源が必要ですからGDPが伸びなければいけません。しかしGDPが伸びているからと言って、日本は他の国より暮らしやすい、暮らしにくいとは言えないのです。

この章のまとめ

結局、アベノミクスで景気は良くなったのでしょうか。

GDPという指標で見ると、確かに再び経済成長し始めたように見えます。しかし、その指標そのものが脆弱で、果たして日本の経済力そのものを表現しきれているかと言え

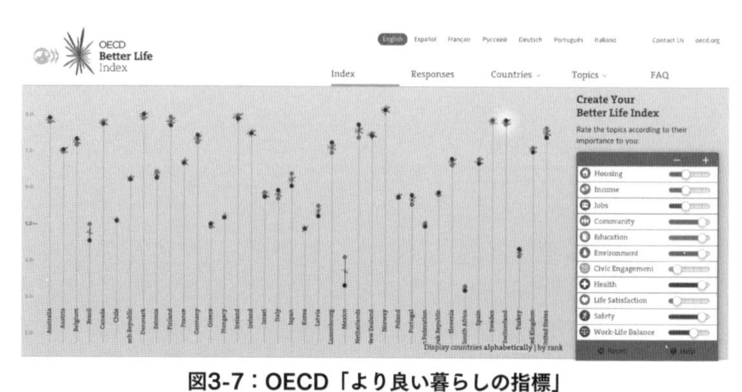

図3-7：OECD「より良い暮らしの指標」

（出典：http://www.oecdbetterlifeindex.org/）

ば疑問符が付きます。

それでもGDPを使って経済成長を測るしかありません。なぜなら**GDPのデメリットを打ち消した代替となる指標の開発ができていないから**です。むしろ使う側の私たちがGDPのデメリットを認識した上で運用するしかないでしょう。

一国の経済力を、たった1つの指標で把握することを止めようとする動きもあります。例えばOECDでは「より良い暮らし指標」をWEBで公開しています（図3-7）。所得、仕事、教育、環境、安全など11の要素を混ぜ込んだ相対的な指標です。

この指標の良いところは、11の要素単位に細かくチューニング可能な点です。何を重視するかによって得点が変わるのです。

短期的な経済成長のためにGDPをいかに伸ばすかを議論するより、長期的な持続可能性を考慮した政策立案のためにはこちらの指標の方が良いように思うのですが、残念ながら2018年現在の国政ではまったく議論されていません。

04.
東日本大震災、どういう状況になれば復興したと言えるのか

東日本大震災7年なお7万3000人避難

震災関連死を含め2万2000人以上が犠牲になった東日本大震災は、津波や東京電力福島第1原発事故の被害などで、依然として約7万3000人が全都道府県に散らばって避難している。岩手、宮城、福島の3県では、高台移転による宅地造成や災害公営住宅（復興住宅）の建設が進む一方、1万2000人以上が今なおプレハブの仮設住宅で暮らしている。

警察庁の9日現在のまとめでは、死者は1万5895人、行方不明者は2539人。復興庁などによると、関連死は2017年9月末現在、3647人（前年比124人増）で、うち福島が2202人（同116人増）を占める。

（毎日新聞　2018年03月11日より）

3・11以前の活気を取り戻す

2011年に起きた東日本大震災から7年が経過しました。震災によって街はメチャクチャに破壊され、原発事故も起きました。いまだ自宅や故郷に帰れない人たちがいます。

しかし、震災発生直後の状態のまま、7年も経過しているわけではありません。2012年2月には東日本大震災からの復興を目的として復興庁が発足。徐々にではありますが、一部の街には避難していた人たちが戻り、震災を経験していない赤ん坊も生まれています。少しずつではありますが被災地の経済が建て直って行き、以前よりも発展した姿を

見せようとしています。

ただし、家族や仲間を亡くした東北の皆さんにとって、本来過ごすはずだった、親しい人との未来の時間を取り戻すことはできません。東日本大震災自体をなかったことにはできません。元に戻る経済と人の流れ、元に戻らない消された未来、そして二度と消えない記憶を抱いて、私たちはこれからの時代を生きていきます。

せめて東北が復興して欲しい。そのような思いで私も何度か募金しました。

では、**どういう状況になれば復興したと言えるのでしょうか**。残念ながら復興庁のホームページを見ても「復興期間を平成32年度までの10年間」と書いてあるぐらいで、**どのような状況になれば復興を果たしたと言えるのかがわかりませんでした**。

そもそも「復興」の意味は何でしょうか。「復旧」とは何が違うのでしょうか。様々な見方や定義がありますが、被害を修復して元の状態や機能を回復することを復旧、一度は衰退した社会・経済が元に戻って再び人々が活気を取り戻すことを復興と呼びます。つまり私たちは**震災の被害を受けた建造物を元に戻すだけではなく、東日本大震災の教訓を胸に3月11日以前の活気を東北に取り戻す必要があるのです**。それでこそ復興を果たしたと言えます。

また、それが復興庁を発足させた日本政府の使命でもあります。

「もはや戦後ではない」敗戦からの復興はどのように成し遂げられたのか

何が実現すれば復興を果たしたと言えるのでしょうか。参考になるのが、国家そのものが復興した第2次世界大戦敗戦後の日本です。

戦争に敗れた日本の経済は、どん底にまで落ちました。さらにGHQ占領下の経済政策の下で、戦後インフレやドッジ不況など様々な混乱を経験します。しかし1950年に勃発した朝鮮戦争による特需景気をキッカケに息を吹き返すと、そのまま経済を大きく成長させることに成功しました。

そして1956年、経済企画庁が発表した昭和31年の年次経済報告には、「昭和30年度の経済は貿易を除けば戦前水準を大幅に上回った。一人当たり実質国民所得でみれば、昭和9～11年の113％であって、これは戦争中の最も高かった水準、14年のそれと偶然ながら全く一致している」と記され、巻末には戦後もっとも有名なキャッチコピーの1つ

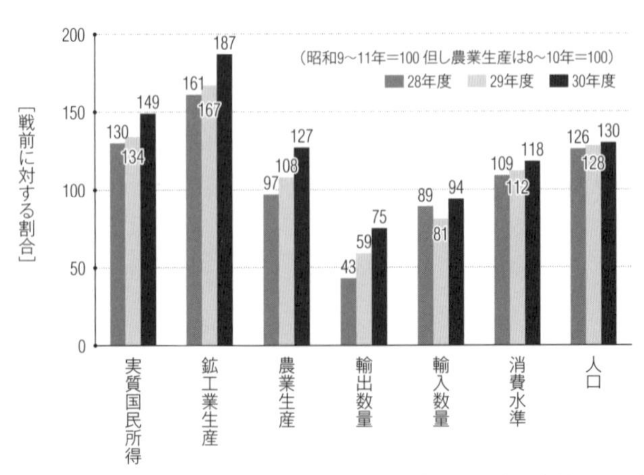

図4-1：「戦前に対する回復水準」という挿絵（一番左端が実質国民所得）

（出典：経済企画庁「昭和31年年次経済報告」）

である「もはや戦後ではない」という言葉が登場するほど、日本経済は復興を果たしました。

もう少し詳細に見てみましょう。経済企画庁が発表した「国民所得白書」昭和38年版によると、1930年〜1955年の間の実質国民総支出（1945年欠落）は図4-2のように推移しています。ちなみにハイパーインフレなどの影響もあって、戦前の国民所得と戦後の国民所得を時系列で把握するのは非常に難しく、あくまで戦前は推定値になるようです。合わせて、当時算出された総人口で国民総支出を割って、一人あたり実質国民総支出を求めました。

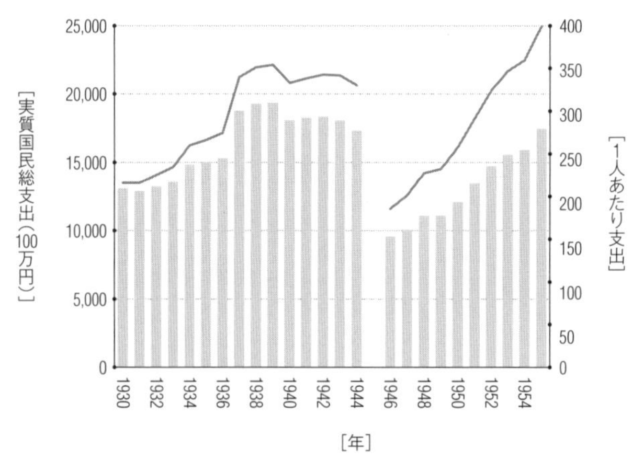

図4-2：実質国民総支出（棒）と一人あたり実質国民総支出（線）

（出典：経済企画庁「昭和38年版国民所得白書」）

この図を見ると、実質国民総支出は1946年から49年に掛けて足踏みが続いていますが、朝鮮戦争が起きた1950年以降は階段を駆け上がるように上昇し続けています。1人あたり支出は1953年に1934年〜36年平均を超えています。

ただし、前の章でも触れた通り、実質国民総支出が実体の経済をどこまで反映できているかという問題があります。特にこの時代はGDPが完成し切っておらず、お手盛りで作っているため、データの信ぴょう性を万全には信頼できません。

そこで復興に欠かせないもうひとつの要素である、人に注目してみましょう（図4-3）。

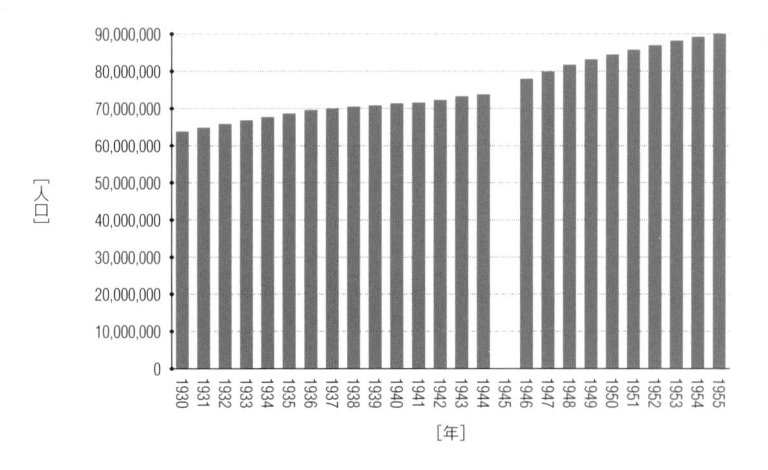

図4-3：総人口（棒）

（出典：経済企画庁「昭和38年版国民所得白書」）

1946年には約7575万人だった人口が1955年には約8927万人、たった10年間で約1300万人も増えています。

ご存知の人も多いでしょうが、1947年～49年にかけてベビーブームが起き、約800万人もの赤ちゃんが誕生しました。みんな他にやること無いんかいと突っ込みたくなるところですが、長らく続いた戦争が終わり、将来に対する希望や安心感もあって、子作りをしたいという気持ち自体は否定できません。

経済が元通り以上に戻る。それだけでなく人が元通り以上に増える。この2点を「復興」の基準だと考えた場合、東日本大震災の被害から「もはや震災後ではない」と言えるほど復興したのでしょうか。

東日本大震災の被災地、東北の経済成長率

まず経済に目を向けてみましょう。目安となる指標としては、都道府県、政令指定都市の経済活動状況を表す県民経済計算が挙げられます。GDPの都道府県版だと考えれば良いでしょう。県民経済計算から、経済成長率も算出できます。

被災が激しかった岩手県、宮城県、福島県、及び政令指定都市である仙台市の、2007年～2014年にかけての経済成長率は図4-4のように推移しています。

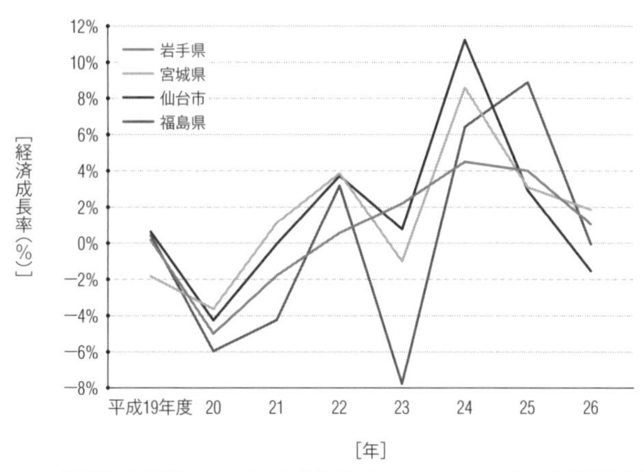

図4-4：県民経済計算による経済成長率（93SNA、平成17年基準計数）

（出典：内閣府「県民経済計算」）

公表されているデータが、1月1日〜12月31日の暦年ではなく、4月1日〜翌年3月31日の年度のため少し見方に注意が必要です。2011年3月は、平成22年度にあたります。

平成23年度は岩手県（及び仙台市）を除いて前年の成長率を大きく割り込みますが、逆に平成24年度に大きな伸びを見せます。6%〜10%というのは、日本における経済成長率で言えば高度経済成長気に近く、まさに「経済復興」と言えるかもしれません。**しかし、たった2年だけのバブルで終わってしまったようです。**

ちなみに地震で半壊・全壊した建物跡地を更地にして、再び建物を建設する行為そのものが生産に当たります。それは地震が無ければ起きなかった生産です。言い換えれば、**東日本大震災で影響を受けた経済被害を復旧・復興する分だけ県民経済計算が押し上がる**のです。ただし、それは「回復」であって「成長」とは言えません。

つまり、この数字だけでは「もはや震災後ではない」とは言い切れないのです。

過疎地を襲う、震災による人口減少の負のスパイラル

今度は人口に目を向けてみましょう。震災前後で人口の推移に変化はあったのでしょうか。ただし、東日本大震災の影響は県を横断して縦に広範囲な被害を及ぼしているので、**県単位の人口を求めると内陸部分も合わさって事実がよく見えません**。そこで、市町村レベルで人口の推移を求めます。

対象は被害の大きかった岩手県宮古市、大船渡市、陸前高田市、釜石市、大槌町、山田町。宮城県石巻市、気仙沼市、東松島市、名取市、女川町、南三陸町、山元町、亘理

町、多賀城市、岩沼市。福島県南相馬市、相馬市、いわき市、新地町をそれぞれ集計します。

本来であれば、甚大な被害を受けた福島県富岡町、双葉町、浪江町、楢葉町、大熊町も対象としたかったのですが、**原発事故により帰宅困難区域に指定されており、統計上は総人口0人となっている**ため除外しました。

各県が発表する推計人口の前月比は図4-5の通りです。

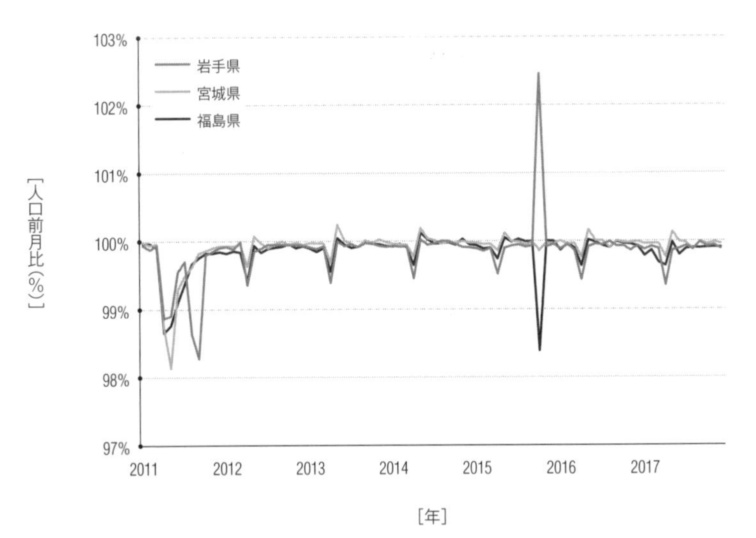

図4-5：県別推計人口前月比推移（各年1日現在）

（出典：各県発表数字）

各県いずれも震災が起きた4月は、前月比で大きく減少しています。3月1日を基準に6月1日には岩手県グループは約5000人、宮城県グループは約20000人、福島県グループは約4000人減っています。地震で亡くなられた方もいらっしゃるでしょうし、住民票を移して県外避難された方もいらっしゃるでしょう。また住民票を移さずに避難された方もおられるでしょうから、**実際はこのグラフの推移以上に人口が減少したはず**です。

ちなみに2015年10月は今までの傾向から大きく外れ、岩手県は前月比102.45%、福島県は前月比98.45%となっています。その理由は、ちょうどこの年に国勢調査が行われたからです。

各月の推計人口は5年に1回行われる国勢調査を元に、毎月の出生・死亡・転入・転出を加減して算出された推計値です。国勢調査に基づく人口は実際に住んでいる人間に対する全数調査のため、もっとも信頼性が高い人口指標のひとつだと言われています。5年に1回厳密に測るので、それ以外は出生・死亡届と、転出入届で簡易的に測るだけで済みます。

ただし今回のような大規模な震災が起きた場合、**住民票を移さずに避難すると「居ないのに居る」と見なされてカウントされ続け、5年ぶりの全数調査で大きく数字が動くので注意が必要**です。岩手県は住民票を移さず転入してきた人が多く、福島県はその逆のようです。

過疎化の影響もあってか、毎月人口は減り続けています。それを間引いたとしても、震災発生以降半年にかけて転出届を出した、あるいは国勢調査によって初めて市町を離れたと分かった人たちが**2018年現在、元いた場所に戻っているとは到底言えません。**

地震や津波によって家や職場が倒壊した、そのような例は多くあるでしょう。しかしそれ以降も戻れないのは、それなりの理由があるはずです。たとえば戻ろうとしても仕事が見つからなくて、将来設計が描きがたいといった可能性は考えられないでしょうか。そうして、ますます過疎を

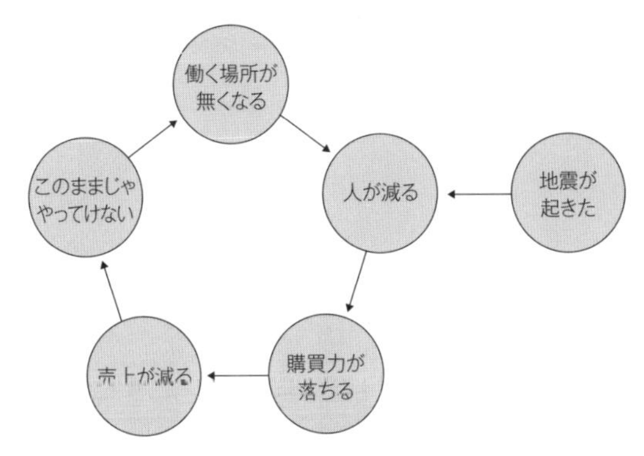

図4-6：人口減少の負のスパイラル

加速させてしまっているのではないでしょうか。

ちなみに、それを裏付ける可能性があるデータとして、経済センサスがあります。経済センサスとは、国全体の産業を包括的に調査し、GDPの精度向上や将来の整備計画などに役立てるために行われた大規模な全数調査です。それまでの事業所・企業統計調査やサービス業基本調査などの経済統計を統合して行われ、海外ではアメリカと中国しか実施していない極めて先進的な取り組みです。

平成18年に行われた事業所・企業統計調査で計測した公務系を除いた事業所の数と比較して、平成24年、平成26年はどれほど減少しているのでしょうか。結果は、次の頁の図4-7の棒グラフが示す通りです。

過疎化などで、震災被害が比較的少ない内陸でも、85%程度減少していました。それを考えると、気仙沼市、山田町、女川町、大槌町、南三陸町、陸前高田市などは明らかに震災の影響で事業所が減少したと考えられます。

2年が経過して、山田町や大槌町のように事業所が増える場合もあれば、女川町や南三陸町のように増えない場合

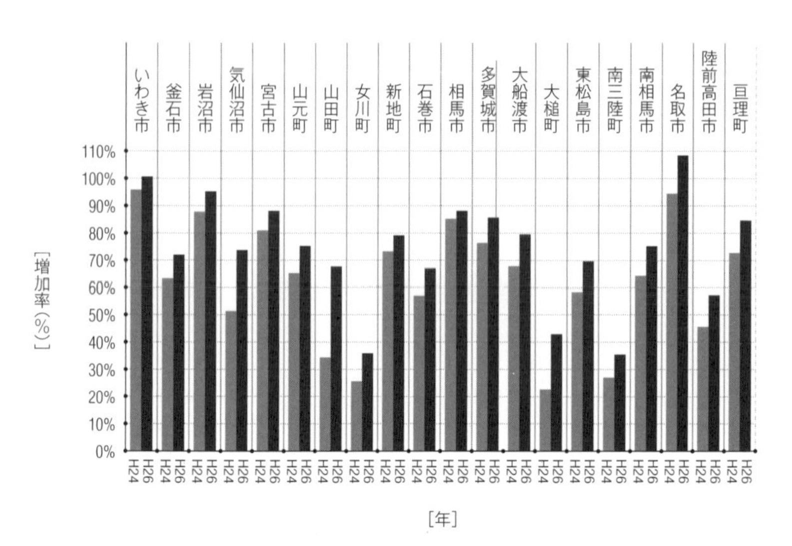

図4-7：平成18年事業所・企業統計調査を基準に平成24年、平成26年経済センサスと比較

（出典：総務省統計局「経済センサス」）

もあって、復旧・復興の難しさを伺い知れます。

事業所の数が減り、働く場所が無くなって、市外に転出せざるを得ない。それとも市外に転出せざるを得ない人が多くいて、人手が不足して、止むなく事業所が減っている。順番は分かりませんが、人も働く場所も数が減っているのは間違い無いようです。

人が元通り以上に増えることを復興のひとつの指標と考えれば、**東日本大震災は「まだ震災後が続いている」と言えるでしょう**。

阪神・淡路大震災後の神戸は復興したと言えるのか

大規模な災害が発生した場合、復興までにどれくらいの期間を要するのでしょうか。そこで参考になるのが、1995

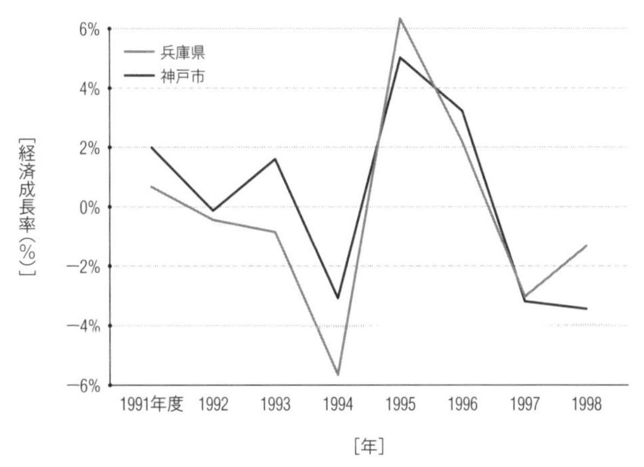

図4-8：県民経済計算による経済成長率（93SNA、平成7年基準計数）
（出典：内閣府）

年1月17日に発生した阪神・淡路大震災です。あれから約四半世紀経った現在、神戸の街は震災が本当にあったのかとさえ思えるほど、活気に満ちあふれています。経済も人も戻ってきているはずなので、統計データで調べてみましょう。

まずは同様に被災が激しかった兵庫県、及び政令指定都市である神戸市の、1991年～1998年にかけての経済成長率は図4-8のように推移しています。

地震のあった1994年度は大きく減少していますが、以降は2年連続で反動のように経済成長しています。ちなみに兵庫県も神戸市も、1995年度には1993年度の県民経済成長を上回っています。**経済という観点では既に1995年度で復興を終えている**のです。一方で1997年はマイナス経済成長率になっていますが、時を同じくして平成不況真っ只中にあるので、震災需要が落ち着いたのか否かの線引きが難しいのが厄介です。

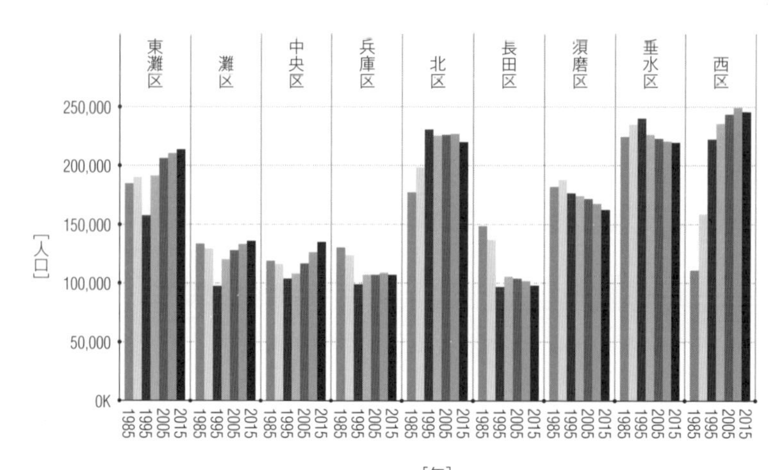

図4-9：人口推移（1980年～2015年国勢調査）

（出典：総務省統計局）

では人口はどうでしょうか。1985年～2015年まで約7回分の国勢調査を見てみましょう。図4-9のような推移となりました。

北区、垂水区、西区を除いて、阪神・淡路大震災のあった1995年は1990年と比べて人口が大きく減少しています。しかしその後、東灘区、灘区、中央区、兵庫区、西区は人口が元通り以上に増えています。これらの区にとって「もはや震災後ではない」のです。言い換えると、それ以外の**区においては「まだ震災後が続いている」**とも言えます。

特に落ち込みが大きいのは長田区です。1990年を基準に25年後の2015年には約30%も人口が減っています。5年単位で見ると3000人～4000人ずつ減っているので、恐らく2020年の国勢調査では、阪神・淡路大震災のあった1995年より人口が減少しているでしょう。

なぜ、このような事態が起きているのでしょうか。長田区の5歳階級別人口内訳の推移（図4-10）を見てみると、

				2005年
			2000年	3,568
		1995年	4,009	3,913
5歳階級別	1990年	3,640	3,786	3,800
0～4	5,422	4,214	4,397	4,706
5～9	5,969	4,788	5,317	5,521
10～14	7,249	5,924	6,680	6,120
15～19	10,308	7,489	7,785	7,215
20～24	10,045	6,688	6,653	6,267
25～29	8,544	5,706	5,765	5,783
30～34	6,880	5,112	5,393	5,400
35～39	7,953	6,139	6,555	6,655
40～44	10,293	7,913	8,724	8,722
45～49	10,254	7,660	8,378	8,365
50～54	10,287	7,424	8,186	7,940
55～59	10,718	7,364	7,929	7,441
60～64	9,665	6,026	6,308	12,203
65～69	7,636	4,382	9,351	
70～74	5,783	6,265		
75歳以上	9,075			

図4-10：人口階級内訳（1990年～2005年国勢調査）

（出典：総務省統計局「国勢調査」）

主にどの階級の人口が減っているかが分かります。

90年から95年にかけて一番減っているのは、90年時点で60～64歳階級、95年時点で65～69歳階級の層です。地震で家が損害を受けて、親戚か子供の家に避難したのでしょう。長田区は被害が甚大だった地域のひとつで、また同じような地震が起きたらどうするのかと考えた可能性もあります。

震災から5年、10年経って、1995年当時35歳以降の世代が長田区へ転入する数が増えています。しかし1995年当時25〜34歳階級だった人口だけは、ほぼ増えることなく横ばい、微減で推移しています。学生も含まれるでしょうし一概には言えませんが、なぜ戻ってこないのか明確な「解」は誰も持っていません。

言えるのは、**阪神・淡路大震災から5年後には人口がこれまで以上に戻っている区もあれば、25年経った今でも「震災後」の状態が続く区があった**、ということです。

果たして東日本大震災で甚大な被害を受けた市町村が、元の活気を取り戻して「復興」を終える日は訪れるのでしょうか。それとも「震災後」がずっと続いてしまうのでしょうか。

この章のまとめ

もはや戦後ではない。この言葉は、あまり知られていませんが本当の意味があります。昭和31年の年次経済報告から抜粋します。

> いまや経済の回復による浮揚力はほぼ使い尽くされた。なるほど、貧乏な日本のこと故、世界の他の国々に比べれば、消費や投資の潜在需要はまだ高いかもしれないが、戦後の一時期に比べれば、その欲望の熾烈さは明らかに減少した。もはや「戦後」ではない。我々はいまや異なった事態に当面しようとしている。**回復を通じての成長は終わった**。今後の成長は近代化によって支えられる。そして近代化の進歩も速やかにしてかつ安定的な経済の成長によって初めて可能となるのである。

「もはや戦後ではない」の本当の意味は、戦後復興による経済の回復期が終わり、もはや高成長は見込めず、戦前と同じ5%程度の経済成長に落ち着くだろうという悲観の意味が込められていたのです。**回復はしても、今以上の成長率はないだろう。その想いが「もはや戦後ではない」という言葉に表れた**のです。

実際、東日本大震災や阪神・淡路大震災でも、県民経済計算では震災から2年〜3年後の経済成長率はマイナス成長になっています。

そうした悲観論に対して、真っ向から反論した下村治という経済学者がいます。彼は池田勇人首相が掲げた「所得倍増計画」の理論的支柱として活躍した稀代のエコノミストとして知られています。

彼は、池田勇人を総理にするための政策集団「木曜会」から経済論集を刊行するなど理論派として知られる一方、経済報告を書き上げた後藤誉之介や国民所得倍増計画を取りまとめる中心だった大来佐武郎（おおきたさぶろう）ら大勢の経済学者に向けて「あなたは間違っている」と堂々と批判してきました。

たとえば大来佐武郎ら事務局が経済成長率を7.2%と見たのに対して下村治が11%を主張して譲らず、最終的には池田首相の仲裁で9%に落ち着いたほどです。しかし、その結果はご存知の通りで、日本は所得倍増計画を通じて高度経済成長を実現しました。

下村治は、彼が批判してきた経済学者から「楽観論者」として侮蔑されていました。下村は「総需要を総供給の範囲内に収めるのではなく、豊富な供給力に需要を追いつかせるための政策が必要」という論調で終始一貫していました。どこにそんな供給力があるのか、どこにそんな需要が作れるのか、そうした批判に対して**論理的に答える姿勢を、東日本大震災の復興に携わる全ての官僚、政治家に見せたいとすら私は思います**。

下村治は日本の底力を信じていたと言われています。では、現在の日本は下村治にどう見えているでしょうか。

阪神・淡路大震災や東日本大震災という悲劇を乗り越え、再び経済と人が戻って来る経済政策を見出せない官僚や、それに対して何も言えない政治家の姿勢に対して「あなたは間違っている」と言いたいのではないかと私は夢想してしまいます。

05.
経済大国・日本はなぜ貧困大国とも言われるのか

〈社説〉危機の社会保障　「働けど貧しい」
支える側がやせ細っていく

…困窮を象徴する悲劇が3年前、千葉県内で起きた。40代の母が中学2年の娘を殺した事件である。給食センターのパート収入と児童扶養手当をあわせ手取りは月約12万円。だが、娘に不自由をさせたくない思いで制服や体操着を買うために借金をする一方、県営住宅の家賃1万2800円を滞納した。

裁判では、勤め先に「掛け持ちのアルバイトは無理と言われていた」と話し、生活保護を相談した市役所では「仕事をしているなどの理由で断られ頼れなかった」と説明した。部屋を明け渡す強制執行の日、心中するつもりで犯行に及んだ。

（毎日新聞　2017年11月27日より抜粋）

貧困率の増加について聞かれた安倍首相
「日本は裕福な国」と反論

安倍首相は1月18日の参院予算委員会で、経済的な格差が広がっていることについて、「日本は貧困かといえば、決してそんなことはない。日本は世界の標準でみて、かなり裕福な国だ」と述べた。共産党の小池晃氏の質問に答えた。

この日、小池氏は日本の貧困状況について質問。厚生労働省の「国民生活基礎調査」や経済協力開発機構

（ＯＥＣＤ）の調査で、標準的世帯の年間の可処分所得の半分未満で暮らす人の割合を示す「相対的貧困率」が、2012年で約16％になったことをあげながら、安倍首相に対し「6人に1人が貧困という実態。日本は世界有数の貧困大国だという認識はあるか」と聞いた。これに対して安倍首相は、「日本が貧困かと言われれば、決してそういうことはないわけでありまして、国民所得、あるいは総生産を一人で割っていく、一人あたりのＧＤＰ等でいえば、もちろん日本は世界の標準で見て、かなり裕福な国であるということであると思います」と回答した。

（ハフポスト　2016年01月19日より抜粋）

ＯＥＣＤワースト２位、日本は貧しい国ですか？

経済大国、日本。

実は経済大国という言葉自体に正確な定義はなく、全世界を合わせたGDPのうち上位を占める国を経済大国と呼びます。2018年現在のところアメリカ、中国、日本、ドイツが該当するでしょう。

そんな日本が「貧困大国である」と世界から指摘されています。違和感を抱かれる人は大勢いるのではないでしょうか。

経済大国と貧困大国は並び立たないはず。国際社会からのイチャモンだ。いや、格差が開いているからだ。色んな意見が浮かんでは消えるでしょう。そんな中で「**そもそも、貧困とはどういう定義なのか？**」と考えた方は、この本を読み慣れてきたかもしれません。

どういう状態であれば「貧しい」と言えるのでしょう。

その実態は曖昧で不透明です。家が無ければ貧乏なのか、お金が無ければ貧乏なのか、食事が無ければ貧乏なのか、友達が居なければ貧乏なのか。懐が寂しいのか、心が貧しいのか。こういった規準によって「貧乏」なんてどうとでも定義できるのです。

しかしそれでは誰がどう見ても貧しい人たち、たとえばスラム街で暮らす子供達や、紛争地帯から命からがら逃げ出してきた難民を「私たちよりも貧しいから支援が必要だ」と主張できません。

そこで、貧困に関する世界的に共通な定義をOECD（経済協力開発機構）が作成しました。その定義に準拠すると日本はOECD34カ国中、29位にランクされたのです。先進国G7と比較しても、30位のアメリカに次ぐ、ワースト2位でした。

「携帯電話を持っているのに貧しい」はおかしい

「貧困とは相対的な概念である」と主張したのは、D・ウェッダーバーンです。**時間軸や場所が違えば貧困の定義は異なって当然である**と問題提起しました。

産業革命以降、国ごとに生活水準の差はどんどん開いています。ある国Aでは貧しい暮らしだと見られても、ある国Bではそれが普通の暮らしだと見られることもあります。問題は、そのある国Aでは貧しいとされる人々が「じゃあ、Bに行きますわ」と気軽に言えない点です。つまり、ある発展途上国において1日数ドルで暮らす人々と、先進国のスラム街で物乞いしながら暮らす人々を比較することは意味がない、ということです。

それは時間軸においても同様です。1960年代の日本と、

50年後の2010年代の日本、生活水準は全く異なります。

「携帯電話を持っているのに貧しいとか、昔から考えたらありえない」という発言は、**数十年前の日本と比較している時点でおかしい**のです。

だったら爺さんは山へ芝刈りに、婆さんは川へ洗濯している時代に比べて、洗濯機が家庭にも普及しはじめた1960年代の日本が貧しいとかありえないのではないでしょうか。

D・ウェッダーバーンら複数の学識者による提案をベースに開発された指標が「絶対的貧困」と「相対的貧困」です。

絶対的貧困とは「最低限の衣食住が確保されず生命の存続すら脅かされるような貧困状態」を指し、具体的には2011年時点の購買力平価換算で、一日あたりの生活費が1.90ドル未満の状態を意味しています。この定義は比較的分かりやすいでしょう。要は国境を越えて、全世界で見て1.90ドル未満であれば「貧困」なのです。

ただし、1日を1.91ドルで暮らしていれば貧困ではないのか、という疑問は残ります。あくまで、この定義を開発した世界銀行が、貧困をこの世から少しでも減らすために、現状を可視化するための指標として生み出したものに過ぎません。

続いて、相対的貧困とは「手取りの世帯所得（収入から税や社会保険料を引き、年金等の社会保障給付を足した金額）」を世帯人数で調整（等価可処分所得）し、中央値以下にある層を指しています。ちなみに、この中央値以下を「貧困線」と言います。

そして相対的貧困率とは、人口に対して相対的貧困が占める割合を指します。この相対的貧困率こそ、日本において比較的高く現れている指標なのです。

OECDが発表した国別の相対的貧困率のランキングは図5-1の通りです。

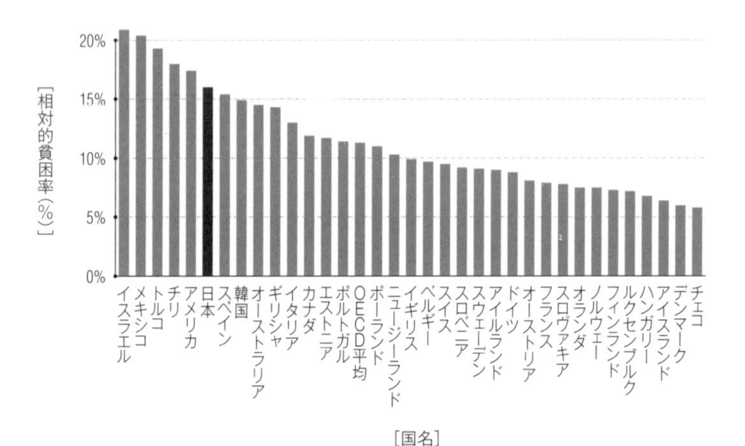

図5-1：相対的貧困率

（出典：OECD「Family database “Child poverty”（2014)」）

日本はOECD平均を大きく上回り、韓国やギリシャよりも高い相対的貧困率を弾き出しています。ちなみにこのデータは平成22年国民生活基礎調査が元になります。

大きな値に影響を受ける「平均」と受けない「中央値」

「中央値の50%以下」とは、どういう計算になるのでしょうか？　詳細を見てみましょう。

最新の平成28年国民生活基礎調査によれば、所得の分布は図5-2のように推移しています。真ん中を表す「平均」が545.8万に対して「中央値」は428万、約100万円以上の開きがあります。

これは計算方法の違いが原因です。そもそも平均は対象

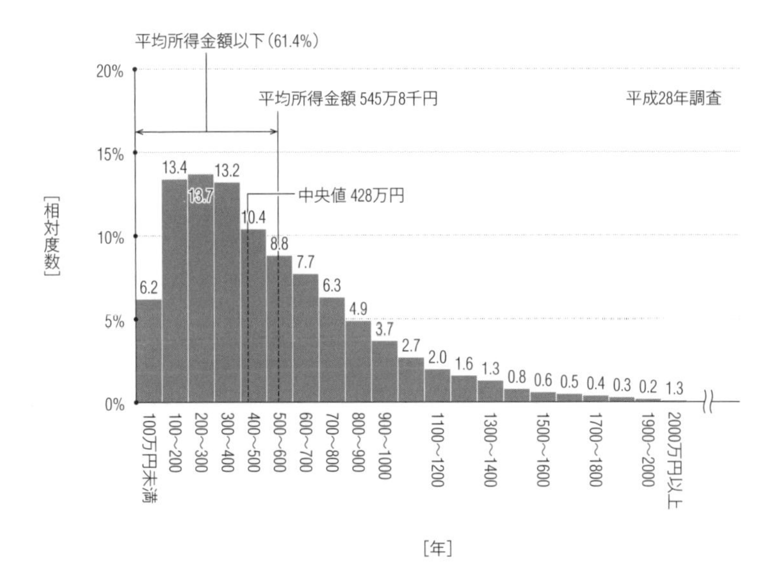

図5-2：所得金額階級別世帯数の相対度数分布

（出典：厚生労働省「国民生活基礎調査」）

となるデータ群に大きい値が少しでも入ると、その分だけ結果が高くなります。しかし中央値は低い値から高い値へと順番に並べてちょうど二等分できた地点の値を指すため、データ群に大きい値が少しぐらい入っても影響を受けません。

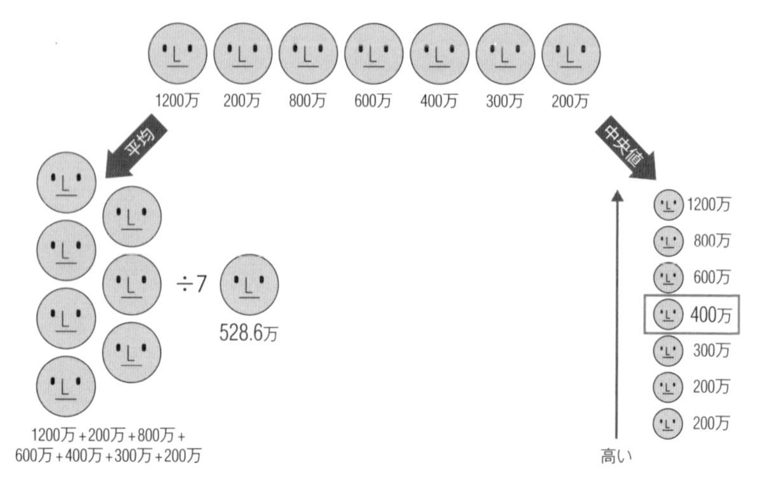

図5-3：平均と中央値の考え方の違い

平均とは対象となるデータ群の「真ん中」となるような**データを新たに作る方法**。中央値とは対象となるデータ群を並べて、数えたらちょうど真ん中にある**データを取り出す方法**。このように覚えると良いでしょう。

所得から相対的貧困率を求めてみる

世帯のちょうど真ん中にある所得を知りたい。このニーズに応える方法は、平均より中央値でしょう。つまり、428万が世帯の真ん中の所得になります。

ただし、この値はあくまで「世帯」です。1人暮らしかもしれませんし、大所帯10人暮らしかもしれません。1人暮らしで428万が所得なら十分かもしれませんが、10人暮らしなら少なすぎます。そこで、世帯単位所得から1人単位所得に調整します。そのための方法を「等価可処分所得」と言います。

等価可処分所得とは、世帯所得を世帯員数の平方根で割った値です。仮に世帯所得が400万円だった場合、世帯員数が2人のときは 400万円÷$\sqrt{2}$＝約283万円、世帯員数が3人のときは 400万円÷$\sqrt{3}$＝約231万円、世帯員数が4人のときは 400万円÷$\sqrt{4}$＝200万円を、その世帯に属する1人ひとりの所得とみなします。

単純に人数で割るのではなく平方根で割るのは、**世帯の消費に規模の経済が働くことを考慮しているから**です。例えば電気代や水道代は1人暮らしより2人、3人暮らしの方が1人あたりの費用は低く済みます。**要は「シェアハウスに住むと掛かる費用は少なくて済むよね」論と同義**です。

ちなみに平方根で割る方法は実態とほぼほぼ近しいと見なされ、求め方の簡便さもあって、このアプローチが定着しています。

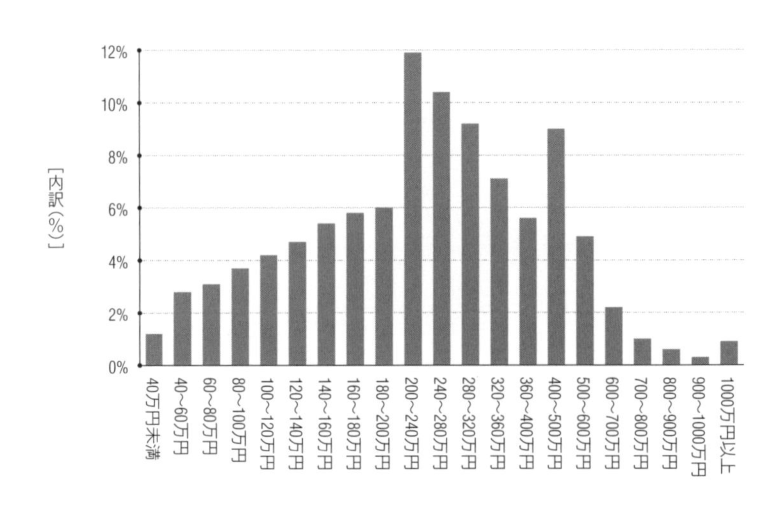

図5-4：相対的度数分布

（出典：厚生労働省「国民生活基礎調査」）

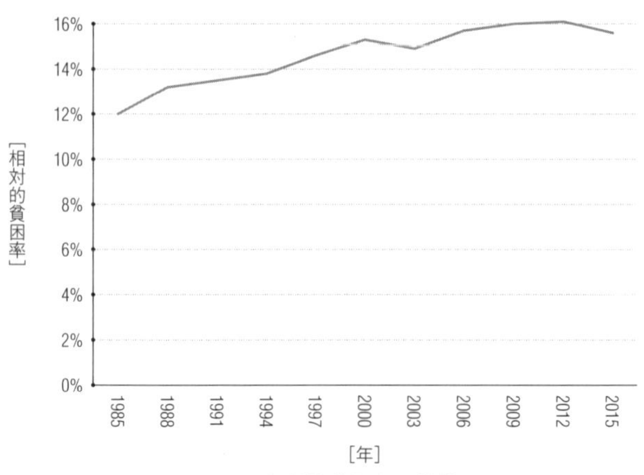

図5-5：相対的貧困率の推移

（出典：厚労省「国民生活基礎調査」）

対象の等価可処分所得を計算し、大きい順に並べていき、ちょうど真ん中にあたる中央値を求めると、245万だとわかりました。日本における貧困の定義は、「等価可処分所得の中央値の半分に満たない世帯員」です。等価可処分所得の半分ですから、122万が貧困線になります。

その数字を基準にすると、平成28年国民生活基礎調査によれば、相対的貧困率は15.6%となります。ちなみに、等価可処分所得の相対度数分布は前の頁の図5-4の通りです。200万～240万と、400万～500万の範囲が大きく伸びています。

では、この15.6%という値は、大きく伸びているのでしょうか、それとも落ち込んでいるのでしょうか。過去30年前まで振り返って相対的貧困率を求めると、図5-5のような推移になります。

最新の結果は前年に比べて0.5%ほど低下しましたが、そ

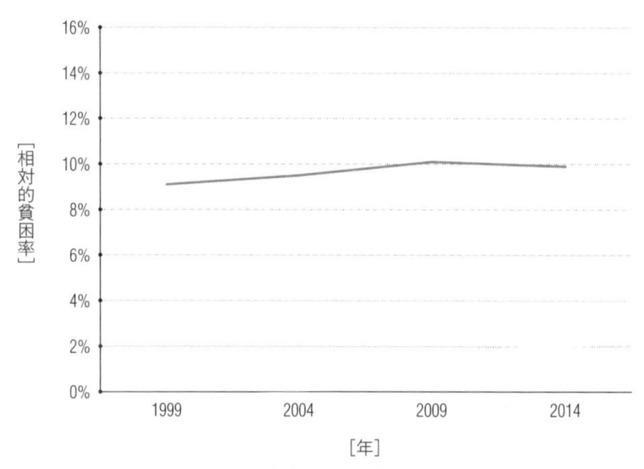

図5-6：相対的貧困率の推移
（出典：総務省「全国消費実態調査」）

れでもここ15年の間は15%強をうろうろしていることに変わりありません。バブル期の1988年でも13.2%ありました。つまり**日本には長いスパンで見て、約7人に1人は相対的貧困者がいる**と考えれば良いでしょう。

厚労省の指標と総務省の指標、どちらが正しい？

ところで、相対的貧困率を求めるのに使えるデータは国民生活基礎調査だけではありません。家計の収支及び貯蓄・負債、耐久消費財、住宅・宅地などの家計資産を総合的に調査する全国消費実態調査でも求めることが可能です。

全国消費実態調査は5年間隔で行われます。3年間隔で相対的貧困率を調査する国民生活基礎調査より間が開くので、細かい変化を追いづらいかもしれません。遡ること1999年から4回分の推移を見たのが図5-6です。

なんと、**最新の平成26年全国消費実態調査の結果では9.9%と、国民生活基礎調査に比べて6%近く乖離した結果**

となりました。この数字で見れば、日本の相対的貧困率はOECD平均以下となります。

どちらかの数字がデマではないか、と思われたかもしれませんが、どちらの調査も数万世帯の数字をとらえた大規模な調査であり、誤魔化すのは至難の業です。

双方は、調査の目的も調査客体も、集計客体も調査対象外世帯も、それぞれ異なります。**同じ大鍋から味噌汁を味見しようにも、かき混ぜ方や掬うお玉の大きさが違えば結果が異なる**のです。

標本の取り出し方で結果が変わる

「**どちらも真実である**」とは考えられないでしょうか。まずは、双方の貧困線を見てみましょう。

約10万～20万程度のわずかながらの違いがありそうです。相対的貧困率の高い国民生活基礎調査の方が貧困線は低いので、**国民生活基礎調査の方に等価可処分所得が低いサンプルが多く含まれている**と考えられます。

それぞれひとつ前の少し古いデータになりますが、内閣府が独自に調査したところ、調査対象世帯の所得に、以下のような違いが現れていました。

全国消費実態調査よりも国民生活基礎調査の方が、収入が低い回答者が多いのです。だから国民生活基礎調査で相対的貧困率を見ると多く現れるのかもしれません。

そうなった理由として、**国民生活基礎調査は全国消費実態調査と比べて高齢者世帯が多い**ことが挙げられます。高齢者は主だった収入源が年金に限られる世帯が多い為、所得分布が低い方に偏る傾向にあります。

	全国消費実態調査	国民生活基礎調査
調査主体	総務省	厚生労働省
調査目的	家計の実態を調査し、全国及び地域別の世帯の所得分布、消費の水準及び構造等に関する基礎資料を得る	保険、医療、福祉、年金、所得など、国民生活の基礎的事項を調査する
調査客体	全国すべての市町村から4367調査単位区（1調査単位区は平成17年国勢調査の隣接する2調査区）を選定、各調査単位区から12世帯を無作為抽出し、全国で52404世帯を抽出	所得票については、国勢調査区から層化無作為抽出した2000単位区内のすべての世帯を調査客体としている
調査客体数	56,400世帯（うち単身世帯4,700世帯）	34,000世帯
集計客体数	集計客体数は55,576世帯（2014年調査）。回収率は98.5%	集計客体数は24,604世帯（2016年調査）。回収率は73.7%
調査対象外世帯	病院に入院している者や社会施設に入所している者などは調査対象外。単身世帯については学生も対象外	病院に入院している者や社会施設に入所している者などは調査対象外
所得の調査方法	前年12月から調査年11月までの過去1年分の所得を調査	調査前年1月から12月までの1年分の所得を調査
調査系統	都道府県が任命した調査員が調査対象世帯に調査を実施。調査世帯が記入の上、調査員が回収。ただし、調査員が調査票を回収する際に内容の確認を行っている	福祉事務所を通じて、都道府県等が任命した調査員が調査対象世帯に調査を実施。調査世帯が記入の上、調査員が回収。ただし、調査員が調査票を回収する際に内容の確認を行っている
実施頻度	5年に1回	3年に1回

図5-7：双方の調査の違いについて

（出典：厚労省「国民生活基礎調査」、総務省「全国消費実態調査」）

	1997	1999	2000	2003	2004	2006	2009	2012	2014	2015
国民生活基礎調査	149		137	130		127	125	122	132	122
全国消費実態調査		156			145		135			

図5-8：貧困線

（出典：厚労省「国民生活基礎調査」、総務省「全国消費実態調査」）

どちらのデータを信じれば良いのかという話ですが、これは信じる・信じないの話ではなく、母集団から標本を切

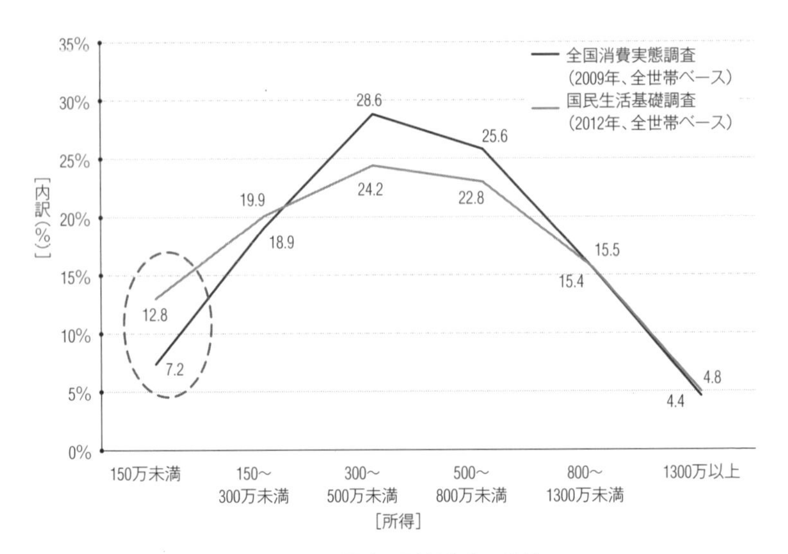

図5-9：両調査の所得分布の比較

（出典：内閣府「相対的貧困率等に関する調査分析結果について」）

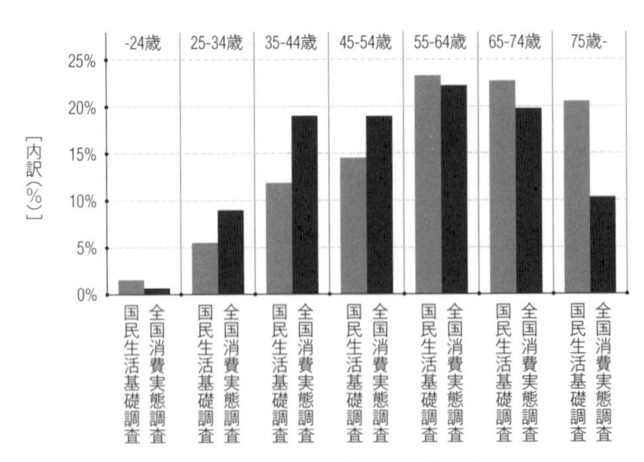

図5-10：両調査の対象の年齢分布

（出典：財務省財務総合政策研究所「家計の世帯分布：『全国消費実態調査』、『家計調査』、『国民生活基礎調査』の比較」）

り取る調査方法に関する話なので、やはり「**どちらも真実である**」としか言えません。

しいて言えば、どちらがより日本の実態を表しているかで考えれば、高齢者世帯が相対的に多い国民生活基礎調査でしょう。

ただし、2つの調査結果を見比べて、貧困率に約7%も乖離があるようでは、仔細な分析には耐えられません。「増えているか減っているかの傾向が分かればいい」という意見もあるようですが、9%と16%ではおのずと採るべき政策も変わってくるでしょう。

相対的貧困率の計測を専門に行う年次調査を新たに行うべきではないでしょうか。そもそも相対的貧困率は民主党政権時代に急速に注目を集めた指標であり、当時の厚労相の指示の下で慌てて作成された指標です。ゼロベースで計測するわけにもいかず、とりあえず最もカバーしていると思われた国民生活基礎調査を用いて開発したというのが実情です。

ある程度の有効性や指標自体の限界も見えてきた今、相対的貧困率の計測を目的とした調査を始めてもいいのではないでしょうか。

約6.4人に1人の子どもが相対的貧困

相対的貧困率を用いて、「子供の貧困率」も計測されています。17歳以下の子ども全体に占める、等価可処分所得が貧困線に満たない17歳以下の子どもの割合を指します。OECD23カ国を比較してみましょう。

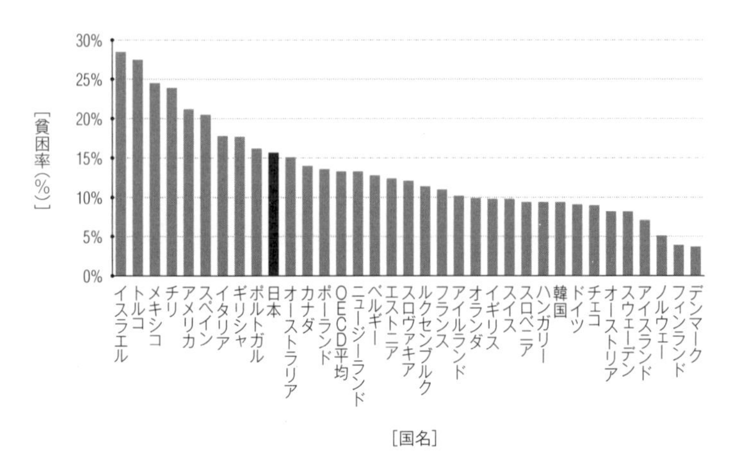

図5-11：子どもの貧困率

（出典：OECD「Family database “Child poverty” (2014)」）

15.7%。約6.4人に1人の子どもが相対的貧困であり、やはりOECD平均より高い結果となりました。

最新の平成28年国民生活基礎調査によると、子どもの貧困率は13.9%という結果でした。2017年10月現在、日本国内には約1890万人の17歳以下の子どもがいますから、**単純計算すれば約260万人の子どもが相対的貧困**になります。大阪市の推定人口が約270万人ですから、かなりの数だと実感できます。

一方、平成26年消費実態調査によると、子どもの貧困率は7.9%という結果でした。やはり消費実態調査の方が低く現れることに変わりありません。

父親・母親の年齢別に子どもの相対的貧困率を調べた結果が、阿部彩さんが調査結果をまとめた「貧困統計ホームページ」に掲載されています。それが図5-12です。

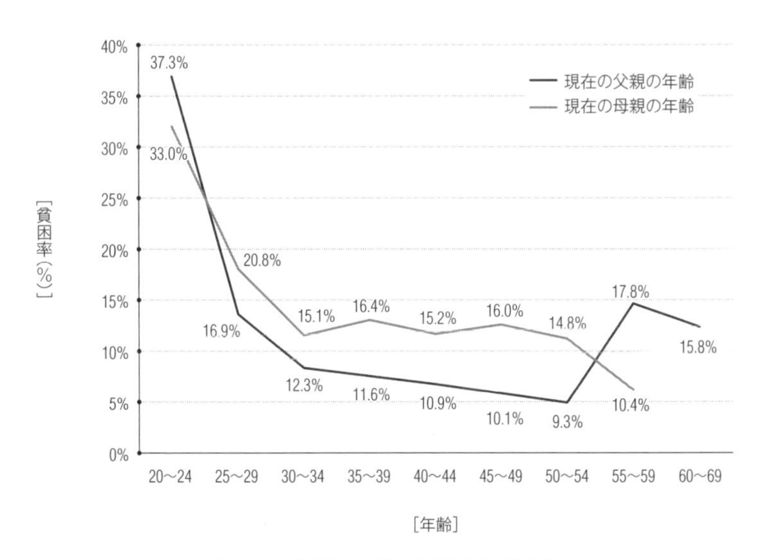

図5-12：父親・母親の年齢層別 貧困率

（出典：阿部彩「貧困統計ホームページ『相対的貧困率の動向：2006、2009、2012年』」(2014)）

若いタイミングで子どもが生まれた場合は相対的貧困率がかなり高く、父親の年齢が上がっていくにつれて少しずつ下がっていきます。これは所得が年齢とともに増えていくからでしょう。

つまり所得がまだ少ないタイミングで世帯の数が2人から3人に増えれば、**等価可処分所得として割られる値も$\sqrt{2}$から$\sqrt{3}$に増える分、自然と相対的貧困になりやすい**と思われます。

ちなみに調査では、子どもがいる現役世帯のうち、親が1人しかいない場合の相対的貧困率も明らかになっています。

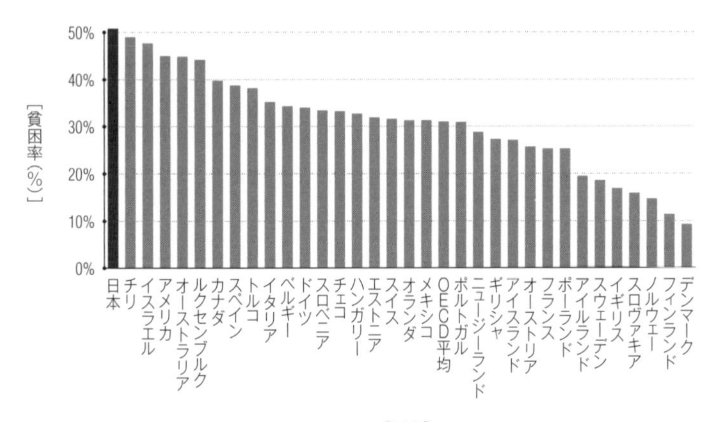

図5-13：子どもがいる現役世帯（大人が1人）の相対的貧困率

（出典：OECD「Family database “Child poverty”(2014)」）

50.8%と日本が1番です。大人が1人しかいない世帯の半分は相対的貧困に苦しんでいるわけで、これは単なる計算の仕方が原因とは思えません。等価可処分所得は以下のような内訳になりました。

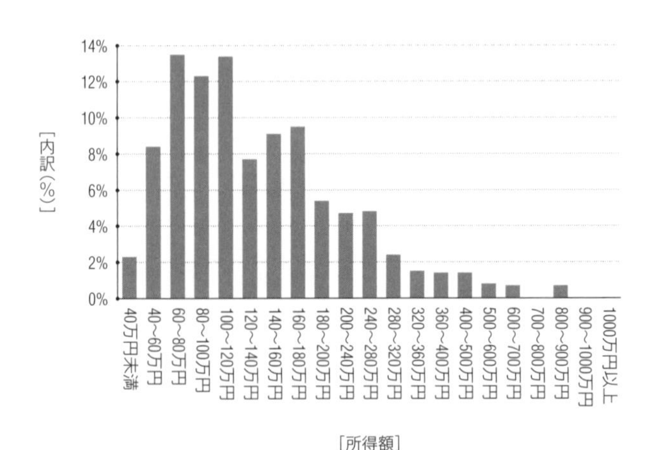

図5-14：子どもがいる現役世帯（大人が1人）の相対度数分布

（出典：厚生労働省「国民生活基礎調査」）

等価可処分所得が60万～120万に山があるようです。もし仮に親1人子ども1人の世帯だと想定すると、$\sqrt{2}$で掛け戻して考えればいいので、**年間所得が約85万～170万の世帯となりますから、月7万～14万の収入**となります。住んでいる場所によっては生活保護を受給できる可能性もあります。

この章のまとめ

所得による格差は、身分"固定"に繋がる可能性を秘めているので喫緊の課題だと考えます。先ほど紹介した貧困統計ホームページには、父親・母親の学歴別相対的貧困率が紹介されています。

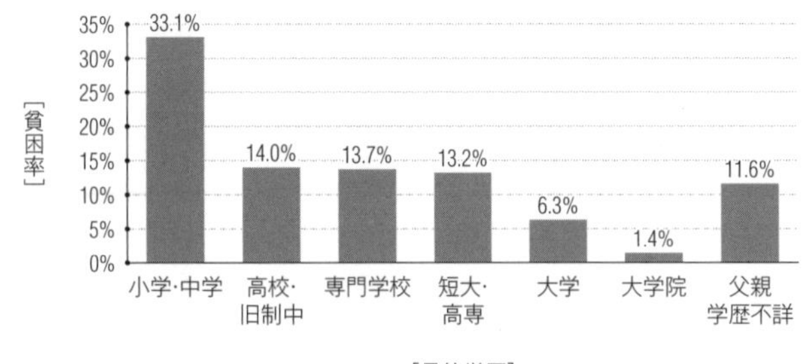

図5-15：父親の学歴別子どもの貧困率（2012）
（出典：阿部彩「貧困統計ホームページ『相対的貧困率の動向：2006、2009、2012年』(2014)」）

親が小学校・中学校卒の場合、高い確率で相対的貧困になる可能性があるようです。つまり学歴が重要な鍵を握るのです。おそらく、学歴に応じて所得が変わるからではないでしょうか。

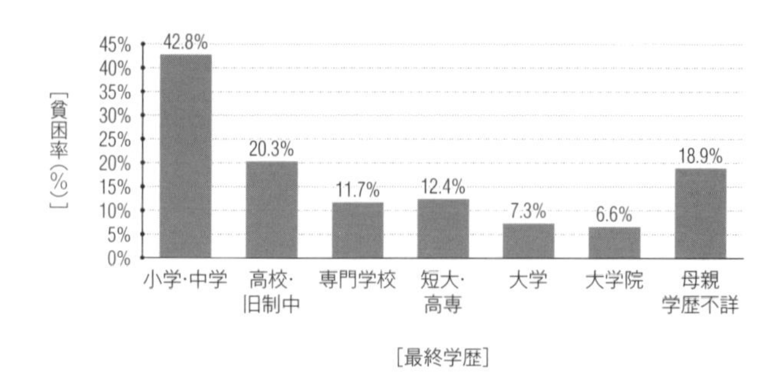

図5-16：母親の学歴別 子どもの貧困率（2012）

（出典：阿部彩「貧困統計ホームページ『相対的貧困率の動向：2006、2009、2012年』(2014)」）

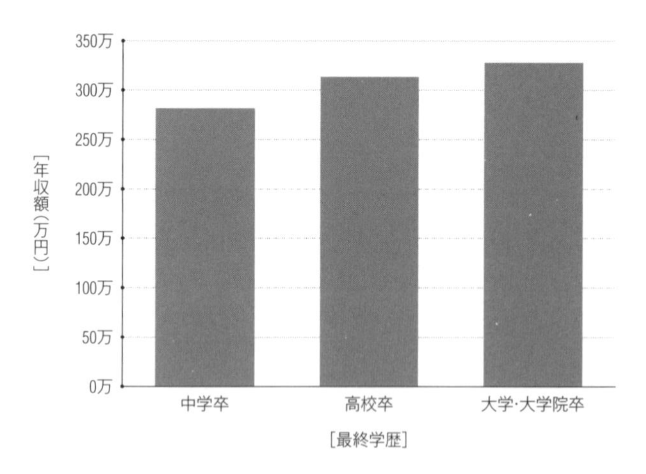

図5-17：最終学歴別20歳～24歳における年収（2017年）

（出典：厚生労働省「賃金構造基礎調査」）

20歳～24歳における最終学歴別の年収を見てみましょう。

平均して、中卒は高卒より30万、大卒より50万少ない結果となりました。生涯賃金だと、中卒は高卒より4000万、大卒より9000万少ない結果になると言われています。

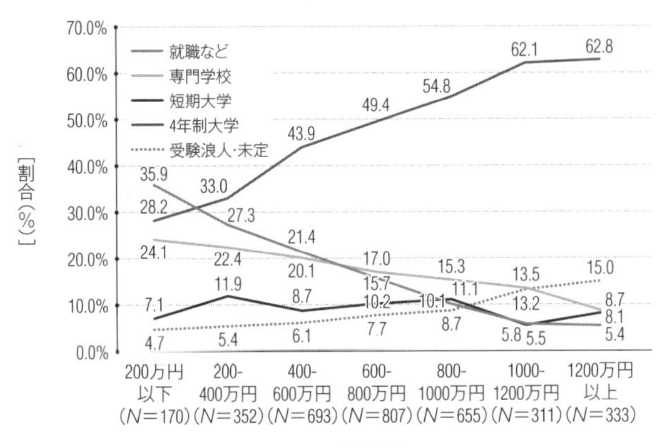

図5-18：両親年収別の高校卒業後の進路

（出典：東京大学　大学経営・政策研究センター「高校生の進路についての調査」）

最低でも高校、できれば大学、それが親の気持ちかもしれません。

しかし、文部科学省平成28年学校基本調査によると、高校進学率が98.7%に対して、生活保護世帯の高校進学率が93.3%と若干の乖離が見られます。

大学への進学にいたっては、親の年収が如実に現れます。少し古い資料ですが、東京大学 大学経営・政策研究センターが2005年から2006年にかけて実施した「高校生の進路についての調査」によると、**年収が下がるほど4年制大学への進学率は下がり、就職率が上がっています。**

親の年収によって進路が決まり、進路が決まると年収が決まり、年収が決まると子供の進路が決まる……。これは「**貧困の固定化**」ではないでしょうか。もし「それでも努力すれば何とかなる」と思うのであれば、せめて「**貧乏な家庭は、普通の家庭よりも倍努力しなければ幸せになれません**」と前置きして欲しいです。

こうした状況を可視化し、かつ改善するためにも、相対的貧困率、特に子どもの貧困率の年次調査は欠かせないと考えます。

参議院議員の平山佐知子さんは、第192回国会の質問主意書にて、子どもの相対的貧困率には国民生活基礎調査と全国消費実態調査の2つあり、かつ差異があることを踏まえて、両調査の結果を基に統一された統計的数値を出す考えはあるか、また内閣はどちらの指標を重要視するのかと質問しました。

その結果、安倍内閣は「お尋ねの『両調査の結果を基に統一された統計的数値』の意味するところが明らかではないため、お答えすることは困難である」「どちらか一方を重視するということではなく、それぞれの数値の傾向を見ることが重要である」という、鼻であしらうような回答を寄せました。

どっちの指標も大事だし、統一するつもりはないということです。つまり、新しく貧困率を計測するつもりもないということです。国民生活基礎調査は3年に1回、全国消費実態調査は5年に1回の調査ですから、**その程度の間隔でしか貧困率は見ない**ということのようです。その程度の間隔でも推移は十分測れると言うのであれば、**1年や2年で貧困率を落としていこうという熱意も無い**ということでしょう。

ちなみに1999年、イギリスのブレア首相（当時）は2020年までに子どもの貧困を撲滅させると宣言し、中間ターゲットとして、2004-5年度に子どもの貧困率を1998-99年度より4分の1削減することを掲げました。実際にはわずかに及びませんでしたが、たった5年のうちに貧困率はみるみる下がっていきました。

政治家の「やる」という声さえあれば、貧困率は下げられるのです。

06.
人手不足なのにどうして給料は増えないのか

人手不足への対策が急務だ

ハローワークで仕事を探す人1人に何件の求人があるかを示す有効求人倍率が、バブル期を超えた。企業の間では人手を確保できず事業に支障が出ることへの懸念が強まっている。対策をいよいよ急ぐ必要がある。

（日本経済新聞　2017年5月31日より抜粋）

17年の失業率、23年ぶり3％下回る　雇用改善

労働市場が「売り手優位」になるほど、賃上げなど待遇改善が進みやすくなる。パートタイム労働者など非正規社員の時給は上昇傾向にあるが、賃金水準が比較的高い正社員の給与は高収益のわりに緩やかな伸びにとどまる。社会保険料負担の増加もあり、家計が自由に使える可処分所得は増えにくい状況だ。

（日本経済新聞　2018年1月30日より抜粋）

アベノミクス以降、実質賃金が減っている

雇用動向を示す有効求人倍率が上がり続け、失業率は下がり続けています。つまり**どの企業も圧倒的な人手不足**だと言われています。

では、私たちの給料は上昇したでしょうか。**企業がより多くの労働者を求めている＝人手の奪い合いになるからその分だけ給料が高くなるはずです。**

賃金に関する指標の1つとして、名目賃金（支払われた

貨幣額で表示された賃金）を消費者物価指数で割った実質賃金という指標があります。**物価上昇率を加味した賃金**だと考えればいいでしょう。図6-1のように推移しています。

図6-1：実質賃金指数（平成12年平均を100とする場合）

（出典：厚生労働省「毎月勤労統計調査」）

2014年ごろから一気に下がってしまい、30人以上の組織では3ポイント、5人以上の組織では5ポイントほど低下しています。2014年と言えば、安倍内閣がデフレからの脱却を目指して2%インフレ実現に向けて政策を遂行している最中です。

つまりインフレが少なからず起きたのに対して、賃金がそれほど上昇していないため、**相対的に実質賃金指数が下がってしまった**と言えるでしょう。

名目賃金はパートやアルバイトなどあらゆる労働者が含まれます。したがって、アベノミクスによる景気回復で雇用が増加したから、平均賃金が下がっているように見えるだけだという意見もあります。

同じく毎月勤労統計調査を見てみましょう（図6-2）。5人以上の事業所が対象の場合、一般労働者とパートタイム労働者の比率は2005年には25.3％でしたが2017年には30.8％に上昇しています。一方で13年かけて労働者総数の全体は700万人増えているのですが、そのうち一般労働者は200万人、パートタイム労働者は500万人です。

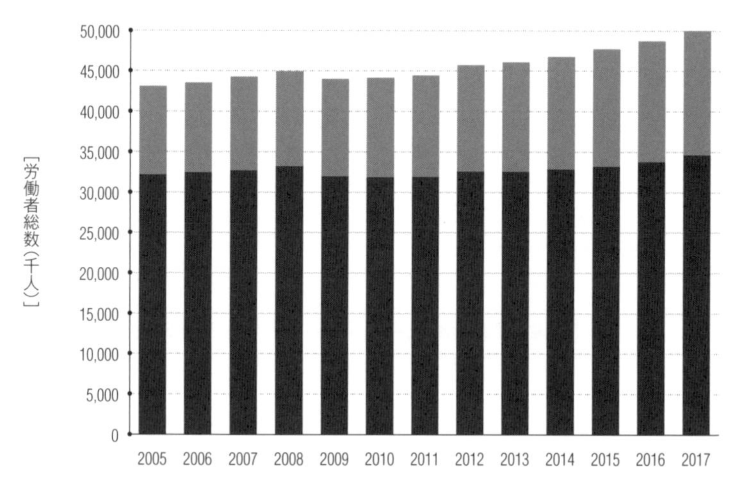

図6-2：常用雇用（5人以上）

（出典：厚生労働省「毎月勤労統計調査」）

増加したパートタイム労働者数は全体を決定づけるほど多いとは言えないので、2014年を基準に考えても、「**パートやアルバイトなど低賃金な労働者も増えて平均が下がった」だけでは、実質賃金指数が下がり始めた理由のすべてを解決できない**でしょう。

つまり人手不足のはずなのに、ほとんど賃金は上がっていないのです。労働市場が不正常なのか、実は人手不足ではないのか、経済が活性化すれば給料に反映されるという考え方が間違っているのか、果たして何故でしょうか。有効求人倍率、失業率という2つの指標をまず調べてみましょう。

有効求人倍率の急上昇はどうすれば説明できるのか

求人倍率は、経済統計指標のひとつです。仕事を探している人1人あたり何件の求人があるかを示しています。求人倍率が1.0以上であれば、仕事を探している人数より企業が欲している人数が多い状態を示しています。

求人倍率には2種類あります。新規求人倍率と有効求人倍率です。新規求人倍率とはその月新たに取り扱った求職者・求人数を示し、有効求人倍率とは先月からの繰越分を含めます。一般的には有効求人倍率が用いられるでしょう。

では、1993年から2017年までの25年間の、有効求人倍率の推移を見てみましょう。次の図6-3の通りです。

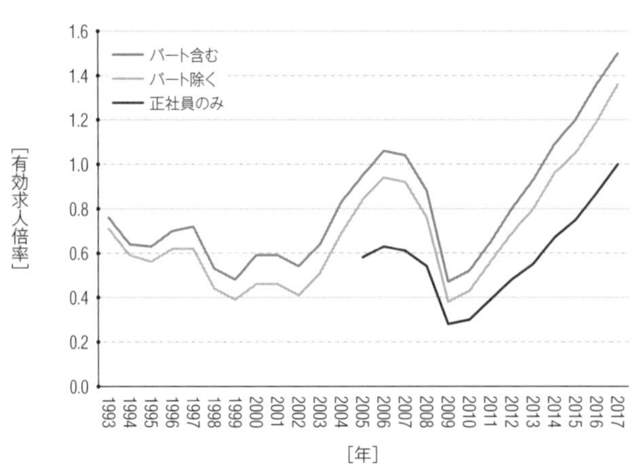

図6-3：有効求人倍率の推移

（出典：厚生労働省「職業安定業務統計」）

雇用形態は正社員だけでなく、パートタイマー、アルバイト、契約社員、期間工、労働者派遣事業、請負、嘱託などの非正規雇用も含まれます。そのため、2005年からは正社員のみの有効求人倍率も計測するようになりました。

パートを含めると2014年、パートを除けば2015年、正社員のみでも2017年に有効求人倍率が1.0を超えています。**ものすごく右肩上がりの急上昇**とも言えます。

では、現状は人手不足だと理解して良いかと言えば、違和感を覚える点が幾つかあります。有効求人倍率は有効求人数と有効求職者数で求まるので、まず、それぞれの内訳を表示してみましょう。時系列で過去と比較ができるよう、1963年から2017年現在までの推移は次の図6-4の通りです。

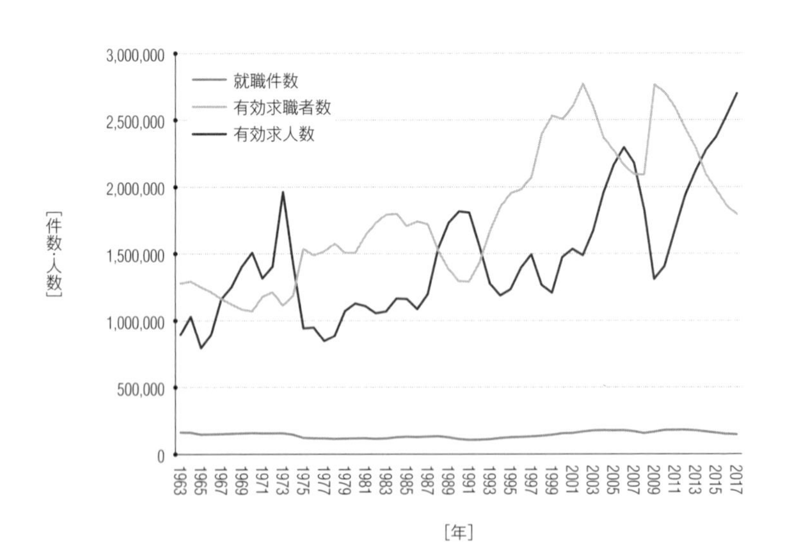

図6-4：全体の有効求人数、有効求職者数、就職件数の推移

（出典：厚生労働省職業安定業務統計）

推移を見ると、有効求職者数は2009年をピークに下がり続ける一方です。ここまでの低さは1993年までさかのぼる必要があります。他の民間の事業も同じように求職者数は右肩下がりなのでしょうか。そんな訳ないですよね。

有効求職者数は「仕事を探している人数」ではない？

そもそも有効求職者数とは、職業安定所（ハローワーク）に登録した求職者数のみを指します。企業に在籍しながら転職した場合や、民間の求人広告・雑誌経由の就職は数字に含まれていません。果たして転職活動にしろ、パート・アルバイトにしろ、職業安定所での就職活動が選択肢に入っている人は、いまどれくらいいるでしょうか。

そのヒントになるのが、有効求職者の就職件数です。有効求人数のうち12万人から最大でも18万人ほどしか就職していません。しかも**2012年の18万人をピークに14.5万人まで減少**しています。

もっとも違和感を覚えるのは、**有効求人数の急激な伸び**です。景気の良かったバブル時代、実感無き景気回復と言われた小泉政権時代を大きく上回っています。アベノミクスの成果だと考えても、果たしてこんなに求人数が増えるものでしょうか。そもそも有効求職者がここまで右肩下がりに減り続ける中、職業安定所が「良い求職者照会先」とは思えません。それなのに、企業が職業安定所に求人を出す理由は何でしょうか。

そもそも有効求人数では「とりあえず求人を出した」場合と、「本当に人手不足でどうしようもなくて求人を出した」場合の見極めがつきません。就職活動で言えば、とりあえずエントリーシートを提出した企業なのか、本当に第

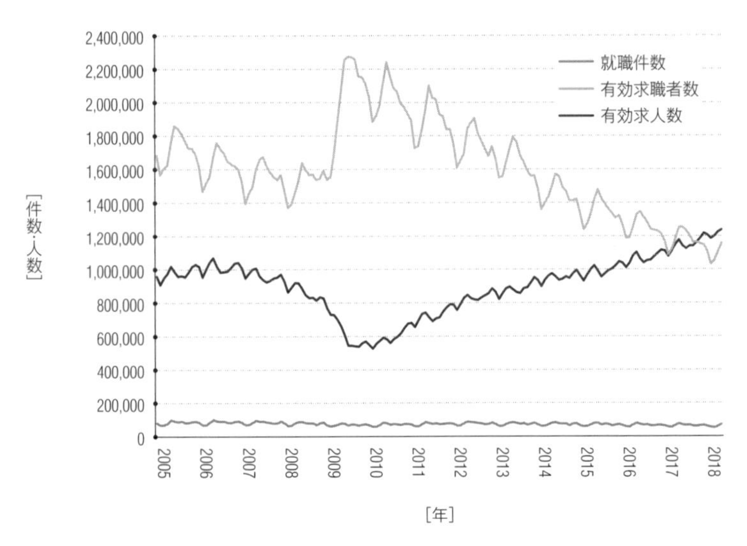

図6-5：正社員の有効求人数、有効求職者数、就職件数の推移※原数値

（出典：厚生労働省「職業安定業務統計」）

一志望の企業なのか、企業からすれば見極めが付かないのと一緒です。

ちなみに、正社員のみに絞ったデータでも見てみましょう。上の図6-5のような推移になりました。

リーマンショックで一気に求職者数は増えましたが、以降は右肩下がりです。おそらく全体の傾向としてこうなっているのでしょう。

有効求人倍率とは2つの指標を割り算で算出して、求職状況を見るのが目的です。しかし、**分母に当たる「求職者数」が目に見えて減り、分子に当たる「求人数」が明らかに異常な伸びを示している**のに、素直にこの有効求人倍率を受け止めて良いのかは疑問に感じます。

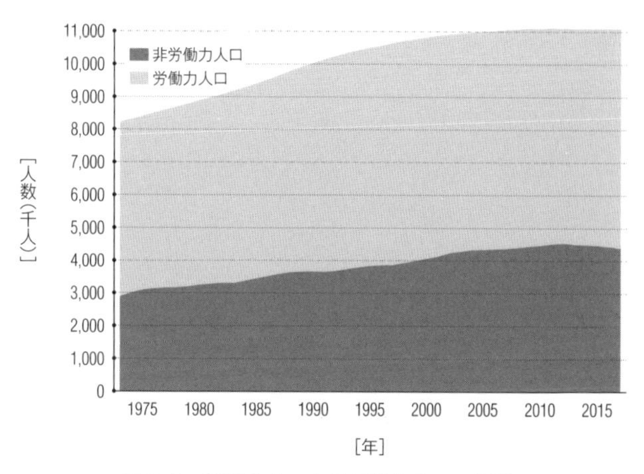

図6-6：労働力人口と非労働力人口の推移

（出典：総務省「労働力調査」）

「一億総活躍」＝非労働力の労働力化

次に失業率を見てみましょう。

失業率の定義は所管する厚生労働省が単独で勝手に決めているのではなく、国連の専門機関である国際労働機関（ILO）が国際基準を設定しています。その国の特殊事情に鑑みて一部変更されていますが、基本的には同じです。

求め方は、**失業者を労働力人口で割った値**です。労働力人口とは、15歳以上、かつ労働する能力と意思をもつ者の総数を指します。一方で、15歳以上でも家事従事者、学生など労働能力はあってもその意思をもたない人、あるいは病弱者・老齢者など労働能力をもたない人も存在します。こうした層を非労働力人口と言います。**労働力人口と非労働力人口の合算が、15歳以上の日本の人口**と考えれば良いでしょう。

ちなみに労働力人口と非労働力人口は図6-6のように推移しています。

図6-7：完全失業率

（出典：総務省「労働力調査」）

労働力人口のピークは1998年に迎え、以降は緩やかに下降していました。しかし第2次安倍政権後、再び労働力人口が上昇し始めています。その理由として、計測以降一貫して上昇していた非労働力人口の活用があげられます。女性活躍、一億総活躍と謳われていますが、**要は減少を続ける労働力人口を補うために、非労働力人口に分類されている人たちを労働力に組み入れることが目的**の政策だったと、このデータからは言えます。

失業率が低すぎる国、日本

失業者は「労働力人口」に分類されます。ILOに準拠して述べれば、労働力人口に分類される人の中で、就業しておらず、就業する意思はあり、調査時点からさかのぼって数週間以内に仕事を探している人、その割合が失業率です。

年間を通して失業率を計測した1973年以降では、上の図6-7のように推移しています。

バブル崩壊以降、失業率は徐々に高くなり、2002年には最大5.4%まで上がりますが、それから少しずつ下がっていきます。2008年秋に起きたリーマンショックで、2009年には再び5.1%まで上がりましたが、以降は下がり続けて、3%を下回るまでになりました。

ちなみに3%以下という失業率は、国際比較するとかなり低く現れています。OECDが発表した2017年失業率国際比較は以下の図6-8の通りです。

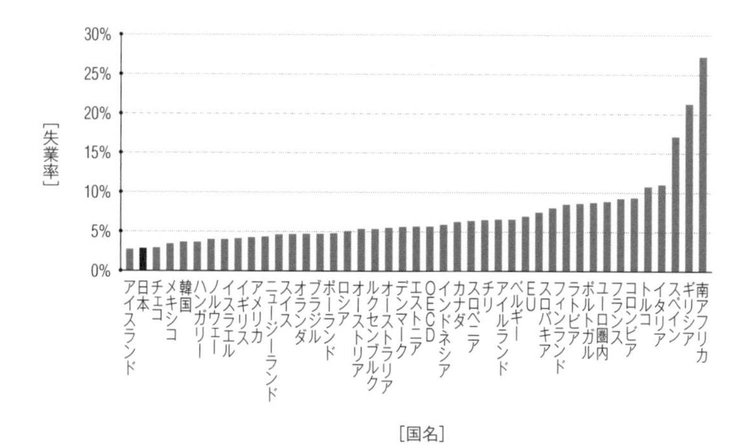

図6-8：OECD加盟国完全失業率比較

（出典：OECD「Unemployment rate」）

日本はアイスランドの次に低い結果でした。国によって法律、習慣など様々な事情も違うでしょうし、一概には言えませんが、日本は労働力人口に対する失業率が低い国なのは間違いないようです。

その理由として、労働者の解雇に対する規制が日本は厳しいから、失業者が出にくいという指摘もあります。が、OECDの調査によると、フランス、フィンランド、イタリアは日本よりも解雇規制が強いとされていて、「辞めさせにくいから」だけでは理由になりません。様々な要因が複雑に絡み合い過ぎていて、なぜ世界と比べて日本の失業率が低いのか、ひとつの原因だけでは説明がつかないでしょう。

失業率を良くするテクニックが使われている？

ところで、失業率3%という数字が怪しいと思っている人も中にはいます。実際は失業状態に等しいのに、就職活動期間を意図的に短く設定して非労働力人口に見せたり、補助金を与えることで社内失業者を就業者に見立てたり、**数字上見かけを良くするテクニックを使っているから3%台なのではないか**という批判もあります。

こうした声は世界的に起きているらしく、2013年10月に開催された第19回国際労働統計家会議において「労働力の十分な活用が行われているか」という議論が行われ、いわゆる「未活用労働」が注目を集めました（図6-9）。

特に重要視されたのが、追加就労希望人口（A）や、非

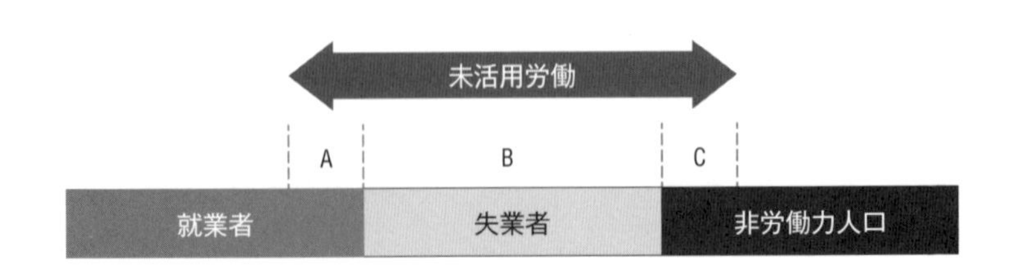

図6-9：未活用労働の見方について

（出典：厚生労働省「労働力調査」）

労働力の中で仕事はしたいけど探していない潜在的労働力人口（C）です。見方を変えれば、（A）まで含めて余っている労働力ですし、（C）まで含めて本当の失業率です。両方とも、今まで見過ごされていた「隠れた労働力」です。

日本政府では、失業率という指標LU1だけでなく、（A）を含めた指標LU2、（C）を含めた指標LU3、双方含めた指標LU4を2018年5月から発表しています。こちらも国際比較をしてみましょう（図6-10）。

	日本	韓国	イギリス	ドイツ	フランス	イタリア	アメリカ
未活用労働指標1（LU1）	2.7	4.3	4.2	3.5	9.2	11.2	4.3
未活用労働指標2（LU2）	5.3	6.5	8.6	6.5	14.2	14.0	7.6
未活用労働指標3（LU3）	3.3	10.1	6.7	5.6	12.3	20.5	5.3
未活用労働指標4（LU4）	5.9	12.2	11.0	8.5	17.2	22.9	8.5

図6-10：主要国の未活用労働指標

（出典：厚生労働省「労働力調査」）

韓国やイタリアでは、潜在的労働人口は失業者数以上にいると分かりました。これが故意か偶然かはわかりませんが、実際の失業率が隠されてしまうと、その国の労働政策にも影響が出てしまうでしょう。

それにしても海外諸国と相対的に比較してみると、日本は未活用労働力も低いようです。つまり余っている労働力はあまり無いと言えるでしょう。

しかし、だからといって「本当の失業者数」が少ないとは限らないのです。

別の角度の数字を取り上げます。日本銀行が全ての規模の企業を対象として、企業の雇用人員判断DIを発表しています。これは雇用状況が過剰と答えた割合から不足と答えた割合を差し引いています。つまりマイナスに行くほど、人手不足という意味です。

データの計測が始まった1974年以降の推移は以下の図6-11の通りです。

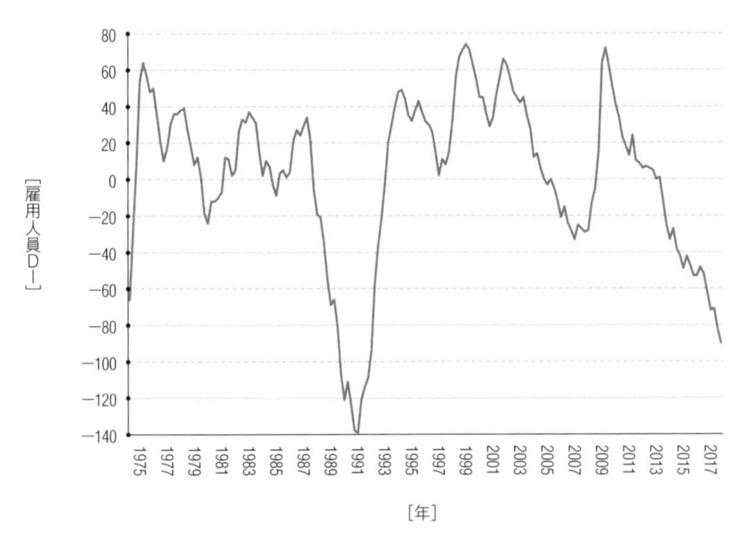

図6-11：雇用人員DI（全規模）

（出典：日本銀行「全国企業短期経済観測調査」）

2000年代を見て下さい。リーマンショックで一気にプラスに高く転じていますが、以降は下降し続けており、失業率と同じような傾向を示しています。

しかし、その内訳となると相当ばらつきます。リーマンショック発生直前から現在までのDIの推移で、もっとも下落している業種とそうではない業種は、以下の図6-12のように違います。

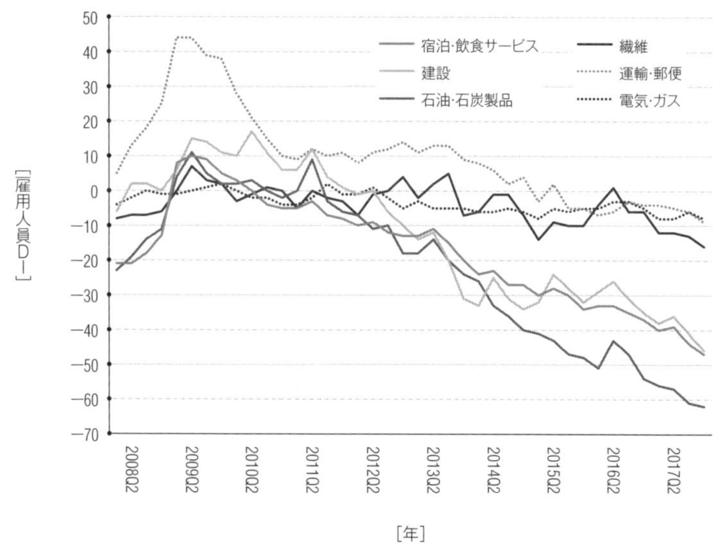

図6-12：雇用人員DI内訳

（出典：日本銀行「全国企業短期経済観測調査」）

特に大きく下落しているのは「宿泊・飲食サービス」です。とにかく人手が足りないのでしょう。一方で「繊維」「電気・ガス」「石油・石炭製品」などはDIが0を下回っているものの、リーマンショック以降ほぼ横ばいで推移しています。つまり特定の業種で人手不足が発生しているのだとわかります。

ちなみに、雇用人員DIがマイナスに下降している業種は、平均就業時間が減少している傾向がわかっています（図6-13）。2003年と2016年を比較すると、もっとも人手不足と言われている宿泊・飲食業で約6.8時間減少していま

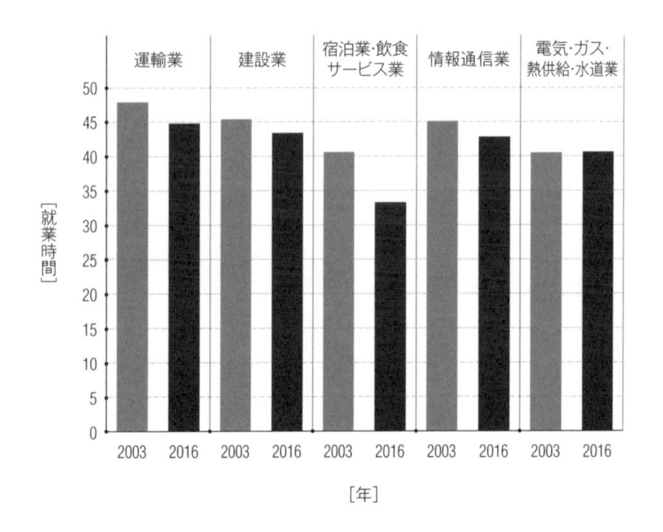

図6-13：産業別平均週間就業時間
（出典：厚生労働省「労働力調査」）

す。一方で「電気・ガス」はほとんど減っていません。

労働時間の減少は、ブラックな労働環境に対する批判が強くなったという理由で説明できると思います。すると、人手不足の可能性の1つとして、**人手が足りないのではなく、今まで10人必要だった仕事を2人少ない8人で対応していた仕組みに限界が現れた**、と見えなくもありません。ワンオペ職場を脱するため人手が必要なのに人が集まらないのだと考えれば、今までの雇用抑制が間違っていただけで、その反動にすぎないとも言えます。労働法規の遵守を徹底させることで、さらに求人数が増えるかもしれませんが、景気が良くなったゆえの人手不足とは言いがたいので、給料はなかなか上がらないかも知れません。

企業がより多くの労働者を求めている＝経済に活気がある、と考えるのが一般的ですが、データからみると、そうとは言えない業種も中にはありそうです。その場合、失業率が低いからといっても、必ずしも労働者が有利だとは限りません。

このような状況下での就職活動は有利か不利か、という話もよく聞きます。売り手市場の今こそ自分をもっと売り出したほうが良いとも言われます。しかし本来なら、マクロ指標を見比べて大きなトレンドを追うより、あなた自身がやりたい仕事に就けるか否かが大事なのではないでしょうか。やりたくない仕事を無理して我慢しながら続ける人生の、どこが楽しいというのでしょう。

07.
海外旅行、新聞、酒、タバコ…
若者の○○離れは正しいのか

「お金の若者離れ」現実を知って

「若者の車離れ」「若者の旅行離れ」など、「若者の○○離れ」という言葉が存在する。メディアはその原因を若者の意識の低下のせいだと指摘しているが、果たして本当にそうなのだろうか。

私は違う考えだ。根源にあるのは「お金の若者離れ」ではないだろうか。国税庁の2016年分民間給与実態統計調査によれば、20代前半の給与所得者の平均年収は258万円とのこと。月々の家賃や水道光熱費の支払いに加え、奨学金の返済がある人もいるだろう。この中でやりくりし、私たちに支払われるかどうかわからない年金のことを考え、貯蓄に回す分を含めると、思うように使えるお金はほとんど手元に残らないのではないだろうか。

「車が欲しい！」「旅行に行きたい！」と思う若者も多くいる。だが、若者に回るお金は少なく、車や旅行が高嶺の花になっていく。今なお、右肩上がりに経済が成長した時代の感覚で物事を考えている人から「最近の若者は夢がない。欲がない」と言われるのはうんざりだ。「お金の若者離れ」という言葉はもっと広く知られてほしい限りである。

（朝日新聞　2018年5月5日より抜粋）

50年以上前から言われている「若者の〇〇離れ」

若者の消費意欲が減退するとすぐに「**若者の〇〇離れ**」と、まるで鬼の首でも取ったかの勢いで若者が年長者からバッシングされる光景は、果たしていつから始まったのでしょうか。

ネットメディア「ねとらぼアンサー」の調査によると、1972年8月号の「図書」（岩波書店）において、「**ぼく自身の国際図書年 若ものの活字離れの元凶は教科書だ！！**」というタイトルの記事が紹介されたのが始まりのようです。私が国会図書館で調べた限りにおいても、この記事が最初の「若者の〇〇離れ」になりました。

ちなみに「青年・少年・青少年」まで範囲を広げてみると、1968年に『イデオロギー時代の黄昏』（合同出版）というイェジ・J・ヴィアトルが書いた本の中で「いわゆる青年のイデオロギー離れ」という一節がありました。訳者である阪東宏さんの意訳なのだとしたら、すでに1960年代には**青少年（若者）の〇〇離れは言われていたのではないか**と推察します。

1980年以降、新聞、雑誌など様々なメディアで「若者の〇〇離れ」は多用されるようになります。あれも離れた、これも離れた、離れすぎて逆に何に近付いているのか分からないぐらいですね。**今まで使われていたからといって、これからも使われると思ったら大間違いだ、と言いたくなる心境**です。

いよいよ朝日新聞の声欄で「今なお、右肩上がりに経済が成長した時代の感覚で物事を考えている人から『最近の若者は夢がない。欲がない』と言われるのはうんざりだ」と反撃の狼煙があがりました。民間給与実態統計調査を持ち出して「使えるお金も少ないのにそんな消費に回せるか！」として「お金の若者離れ」という言葉で反論しています。

一方で、もはや青息吐息とも言われるほど不況にあえぐ出版業界では、「若者の活字離れ」はもはや揺るがない事実として語られているようです。

果たして、「若者の○○離れ」とはどういう現象なのでしょうか。

若者の賃金を民間給与実態統計調査で見るのは適切か？

「若者の○○離れ」現象を深掘る前に、「お金の若者離れ」という「反論」に、少しだけ反論しておきます。

そもそも若者の賃金を見るのに、国税庁の「民間給与実態統計調査」を持ち出すのは、なかなか珍しいケースだと感じています。

国民のおおよその賃金体系に関するデータは、主に4種類公開されています。その中で特によく使われるデータは「賃金構造基本統計調査」であり、「民間給与実態統計調査」が用いられるのは、明確な理由がない限りレアではないでしょうか。

調査名	実施機関	標本数
賃金構造基本統計調査	厚生労働省	標本事業所数；78,095 標本労働者数；約168万人
毎月勤労統計調査	厚生労働省	標本事業所数；約33,000 ※標本労働者数は不明
民間給与実態統計調査	国税庁	標本事業所数；27,916 標本労働者数；31万2309人
職種別民間給与実態調査	人事院	標本事業所数；12,367 標本労働者数；約53万人

図7-1：4種類ある賃金調査

（出典：厚労省、国税庁、人事院）

その理由は2つあります。

ひとつは標本数の差です。図7-1で比較するとわかりますが、賃金構造基本統計調査が標本数は一番多いです。ですから、労働者の賃金に関するデータは賃金構造基本統計調査だと相場が決まっています。

もうひとつは対象の差です。図7-1を見ると1事業所に対する労働者が、賃金構造基本統計調査は約22人なのに対して、民間給与実態統計調査は約11人と倍近く違います。なぜなら、民間給与実態統計調査では労働者だけでなく、経営者や個人事業主も対象に含めており、かつ賃金構造基本統計調査では対象外としている4名以下の労働者からなる事業所も含めているからです。

言い換えると、民間給与実態統計調査は、賃金構造基本統計調査に比べて賃金が低く表れる傾向になります。どちらかのみ正解という話ではなく、目的が違うのでデータを取得する対象が違っているだけです。これは、05章の相対的貧困でも見かけた光景ですね。

これらの点から、民間給与実態統計調査を持ち出して「若者の平均年収258万円！」と主張するより、賃金構造基本統計調査を持ち出した方が、官僚も素直に耳を傾けてくれそうです。ちなみに職種別民間給与実態調査は1事業所に対する労働者が約43名で、はなから大企業しか見ていません。

賃金構造基本統計調査によると、2017年における20～24歳の平均年収は**314.9万**でした。内訳はきまって支給する現金給与額が23万1300円、年間賞与その他特別給与額が37万3600円になります。**民間給与実態統計調査とは60万円ほどの差分**がありました。

ちなみに1981年以降の推移は次の図7-2の通りです。過去にさかのぼるほど、インフレなどの影響を考慮する必要があるので、消費者物価指数を掛け合わせた実質年収も弾き出しました。

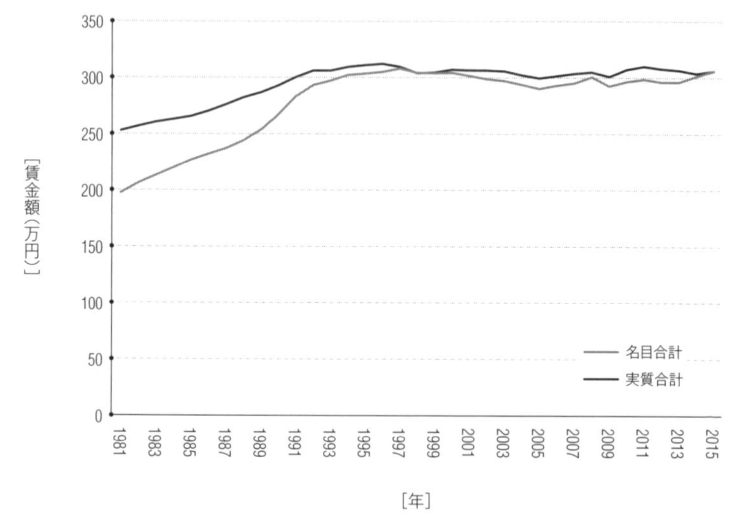

図7-2：20代前半の賃金推移（1981年以降）

（出典：厚生労働省「賃金構造基本調査」）

1990年代以降、ほとんど実質年収が上がっていません。2017年にようやく実質・名目共に過去最高を更新しています。**この27年間、若者（20代前半）の給料はほとんど上がらなかった**のです。

いわゆる「お金の若者離れ」状態が約30年間続いていますので、果たして「お金が離れている！」と言われても、それ四半世紀続いているんだぜ……、という30代、40代からの声が聞こえてきます。

ちなみに他年代の推移にも目を向けてみましょう（図7-3）。

図7-3：各年代単位の賃金推移

（出典：厚生労働省「賃金構造基本調査」）

30代は1998年～2000年をピークに、この17年で50万ほど減少しています。40代前半は2008年から一気に下がって、この10年の間に50万ほど減少しています。

見方を変えれば、むしろ**30代～40代前半の方が「お金離れ」が発生している**とも言えます。もっと主張してええんやで、30代、40代……。

ある時点を切り出して、他と相対比較せず「高い！」「低い！」と言うのはお勧めしません。個人の感覚に過ぎないからです。数字で客観的に証明するには、ある時点のデータを相対的に見比べるか、過去のデータをさかのぼって相対的に推移を見比べるしかないでしょう。

それは「若者の○○離れ」も同じです。いくつか有名な○○離れを取り上げて、その詳細を見てみましょう。

ただの言いがかりだった「若者の海外旅行離れ」

若者が海外に行かなくなった、と言います。「私が若者の頃は沢木耕太郎の『深夜特急』を握りしめて海外旅行に出掛けたものだ」と自慢げに語る人もいます。

実際、20代の出国者数は約463万人をピークに減少し始め、2016年には45%減の約254万人まで減少しています。推移は次の図7-4の通りです。

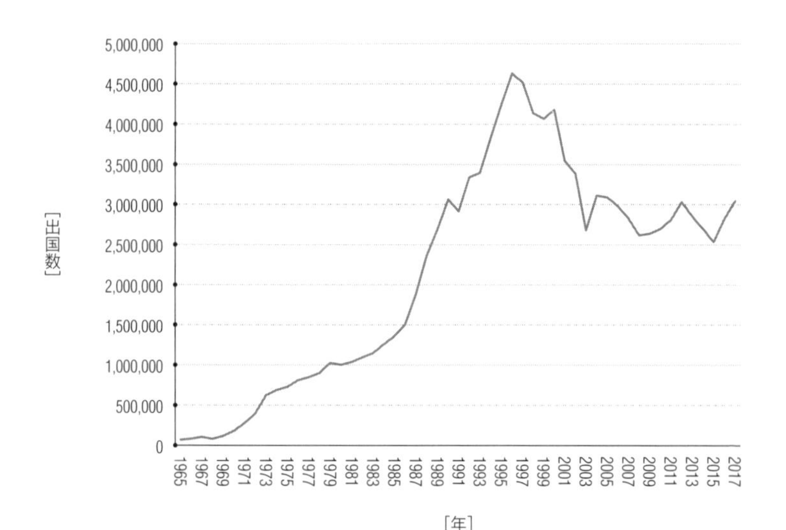

図7-4：20代の海外出国数

（出典：法務省「出入国管理統計」）

もっとも、沢木耕太郎さんの『深夜特急』が刊行されたのは1986年です。その頃と比べてみても2016年の20代海外出国数の方が上回っているので、**『深夜特急』のくだりは、単なる年長者の「俺の時代」自慢**程度に受け止めれば良いでしょう。

ちなみに2017年の夏、ウラジオストックからモスクワまで、シベリア鉄道に揺られるだけの旅に出掛けましたが、若者はおろか、日本人は私たちのグループを除いていませんでした。そんなもんです。

グラフからわかる通り、それでも1996年をピークに出国者数は減っています。ただしその理由として「賃金が増えていないから」とは一概に言えません。図7-2、図7-4を見ればわかる通り、**若者の賃金は1991年以降既に横ばいですが、海外出国数は増え続けている**からです。

20代の海外出国数が減った理由はもっと単純で、おそらく20代の数が減ったからではないでしょうか。次の図7-5は1964年から2017年までの約半世紀にわたる20代人口の推移です。

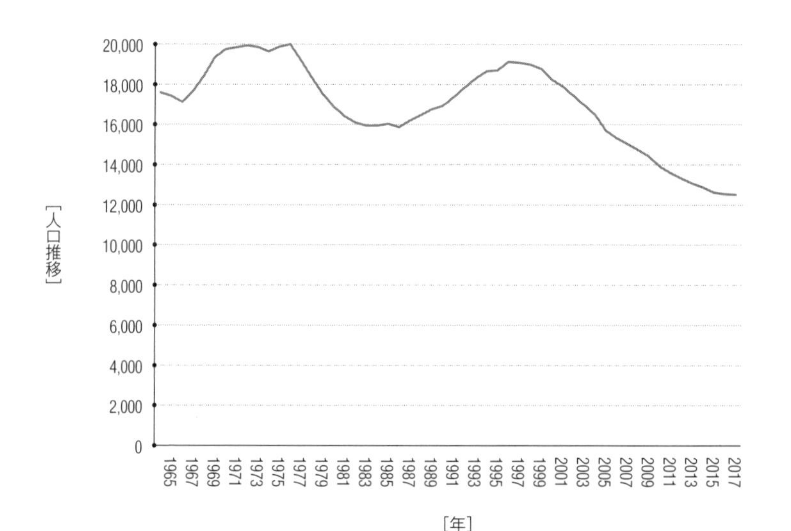

図7-5：20代人口推移

（出典：総務省「人口統計」）

1976年の約2000万人をピークに、ポスト団塊ジュニア

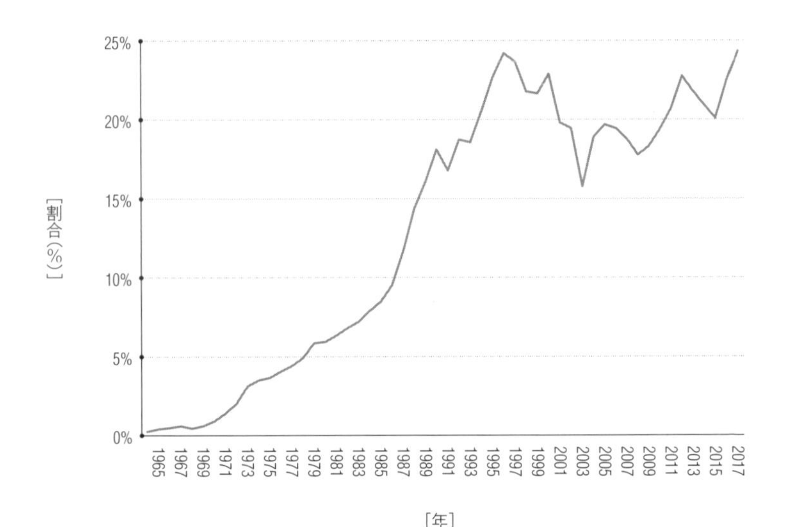

図7-6：20代の海外出国数が20代人口に占める割合

（出典：総務省「人口統計」）

世代による多少の人口バブルがありましたが、以降は下がり続けて、2017年には約1252万人にまで減少しました。1997年から20年間で約650万人も減少しているのです。海外出国数は減って当然ではないでしょうか。

そこで、20代人口を分母に、海外出国数を分子に、**毎年20代の何割が海外に出国したのか**を算出してみました（図7-6）。海外出国は延べ人数なので、1人につき2回、3回と行っている場合もあるでしょうが、ざっくり傾向を把握してみようと思います。

2003年はSARSやイラク戦争開戦の影響で、海外出国数が大きく落ち込みましたが、2016年の22.5％は、過去最高だった1996年の24.2％に迫る勢いです。

どうみても少子化の影響で説明できそうで、**若者の海外旅行離れなんて年長者のとんだ言いがかり**だとわかります。

ちなみに、20代〜50代まで各年代の「割合」は直近10年で以下の図7-7のように推移しています。

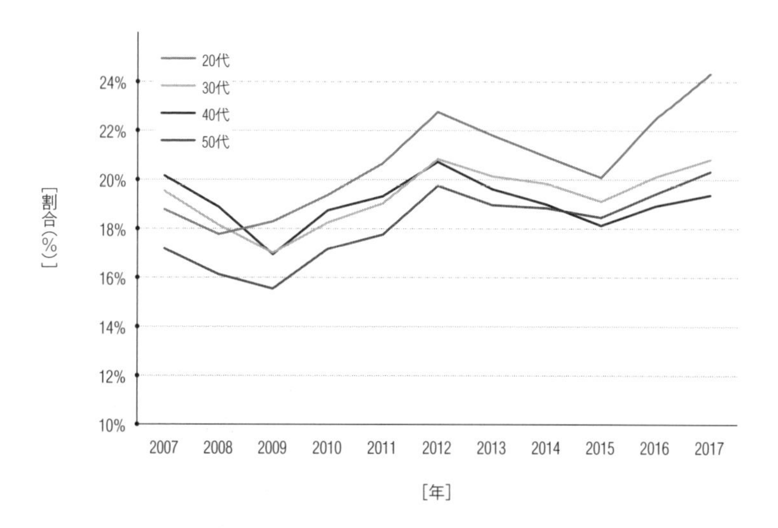

図7-7：各年代において海外出国数が人口に占める割合
（出典：総務省「人口統計」）

2009年以降、むしろ20代が他年代より海外に行っていることがわかります。

海外旅行から離れているのは、むしろおじさん・おばさんだったのです。「昔は私も海外に行ったものだ」なんて懐かしんでいないで、今いきましょう。

「若者の新聞離れ」を笑えない世代

続いて、「若者の新聞離れ」を見てみましょう。新聞を読まなくなったと言いますが、果たしてどれくらい若者は新聞から離れているのでしょうか。

参考になるのは、NHK放送文化研究所が5年おきに実施している「国民生活時間調査」です。20代のうち、「紙の新聞を読む」という行為を行っているのは何割なのかがわかります。1995年までさかのぼって、過去20年間の推移は次の図7-8の通りです。

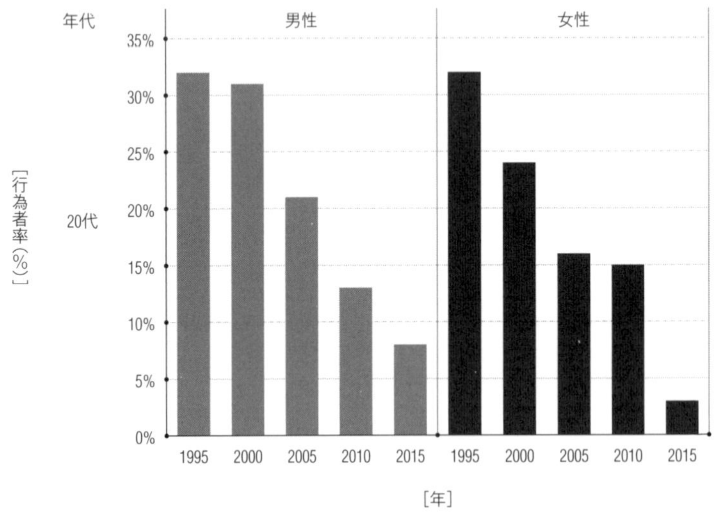

図7-8：20代の「新聞」を読む行為者率（平日）

（出典：NHK放送文化研究所）

1995年～2000年は20%～30%台で推移していましたが、以降は年を経るにつれて減少しています。この20年間で、20代男性は32%から8%へ、20代女性は32%から3%へ減っています。この傾向は土日も大きく変化ありません。

いくら少子化で20代の数が減っているとはいえ、この20年の間に新聞を読む習慣のある若者が20%～30%程度も減ったのは衝撃的だったはずです。

では、このことから「若者の新聞離れ」と言えるでしょうか。他の年代に目を向けてみましょう（図7-9）。

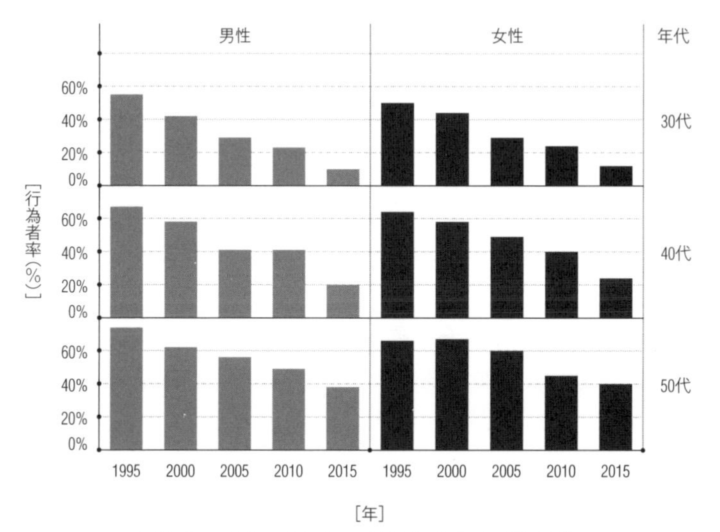

図7-9：30代〜50代の「新聞」を読む行為者率

（NHK放送文化研究所より）

この20年間で、新聞を読む30代男性は55%から10%へ、30代女性は50%から12%へ減っています。40代男性は67%から20%へ、40代女性は64%から24%へ減っています。20代同様に、この傾向は土日も大きく変化ありません。いずれの減少具合も、20代男女を上回っています。

元から20代は低かったというのもありますが、それでも30代〜50代は減り過ぎでしょう。他年代と比較しても、若者は先に新聞離れしていたかもしれませんが、少なくともこの20年間は「**おじさん・おばさんの新聞離れ**」**が激しい**と言えます。最近の若者は新聞を読まない、と言っているおじさん・おばさんもまた、新聞を読まなくなっているのです。

ただし、20代に「新聞を読んでいるか？」と聞けば、大半は「読んでいる」と答えるはずです。紙では読んでいないでしょうが、LINE NEWSやYahoo!トップページのニュースにはけっこう目を通しているはずです。そのニュースは媒体が独自に取材したものではなく、各新聞社の配信によるものです。

ネットで金を稼ぐ、という手段を早々に放棄した結果が、「全世代の新聞離れ」を招いたのかもしれません。

若者だけでなく男性全体が離れてしまった酒・タバコ

最後に、若者の酒・タバコ離れを調べてみましょう。昔は洋酒をかたむけながらタバコをふかす人が「かっこいい」というイメージでしたが、今ではタバコ臭い・酒臭いと、嫌われる要素のダブルパンチです。人によっては「古臭い昭和」の代名詞的存在かもしれません。

国民健康・栄養調査で、1992年から2016年まで「飲酒習慣」に関する調査が行われています。週3日以上、1日1合以上飲酒する20代の推移を見てみましょう（図7-10）。

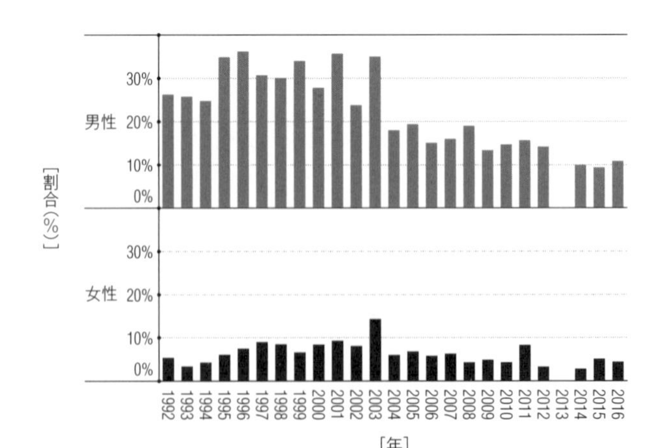

図7-10：20代飲酒習慣

（出典：厚生労働省「国民健康・栄養調査」）

2004年を境に、一気にダウンしているように見えますが、むしろ2001年、2003年が突出しているとも見えます。標本数が300〜500ですので、上下3〜5%の誤差が考えられます。それを差し引いて考えると、女性の傾向は変わりなく、男性の傾向は約30%台から約10%台に低下していると見えます。

ちなみに、2013年はデータ欠落が発生しており、情報が見つかりませんでした。時系列の推移を把握するのに必要なので、こういうのは勘弁して欲しいですね。

では、他の年代はどのように推移しているでしょうか。次の頁の図7-11、図7-12を見てみましょう。

30代男性は約60%台から約20%台半ば、40代男性は約60%台から約40%半ばとそれぞれ減っています。一方で、40代、50代女性はむしろ飲酒習慣が増えるという結果になりました。

つまり**若者のお酒離れというよりかは、男性のお酒離れ**が、表現としては正しいのではないでしょうか。

タバコについては、どうでしょうか。直近1カ月で毎日タバコを吸っている、もしくはときどきタバコを吸っている人の割合の推移を20代〜50代含めてみてみましょう。

飲酒習慣の時ほどではありませんが、20代は半分ぐらいに落ち込んでいますし、30代、40代もそれぞれ3分の1程度落ち込んでいます。男性の酒・タバコ離れが伺えますね。

この章のまとめ

この他にも、「若者の○○離れ」といわれるものは山のようにあるでしょうが、**若者だけでなく他の年代でも減っている、或いは人口が減っているだけで割合は変わってい**

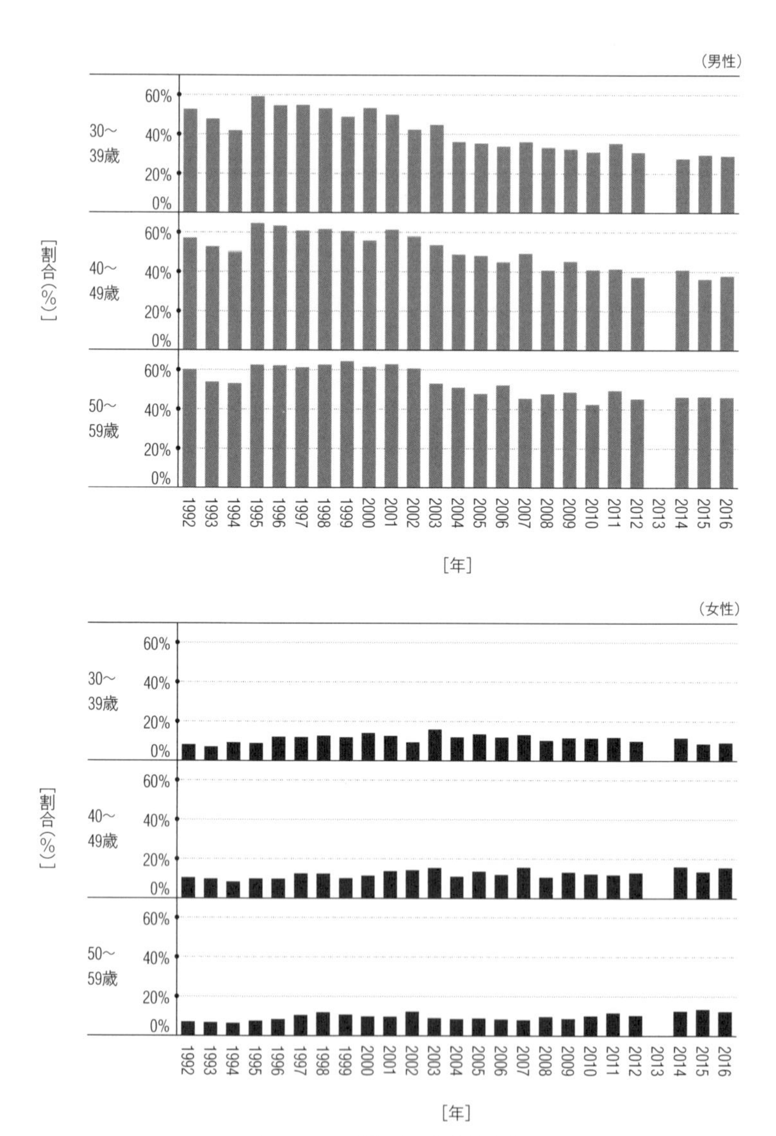

図7-11：30代～50代飲酒習慣

（出典：厚生労働省「国民健康・栄養調査」）

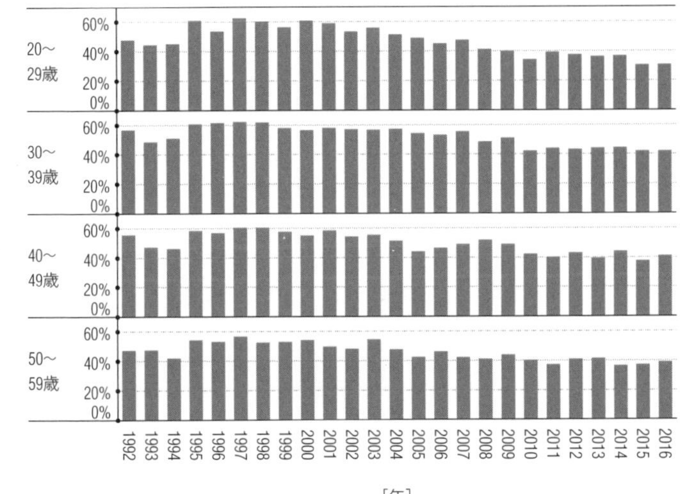

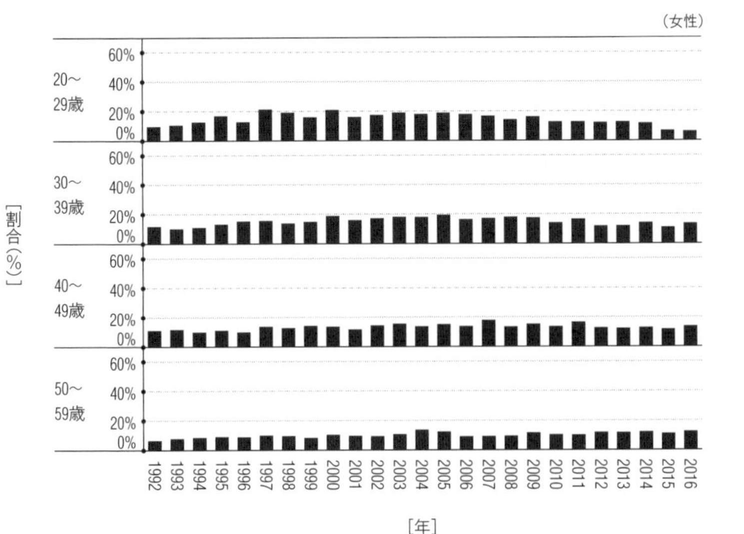

図7-12：20代～50代タバコ習慣

（出典：厚生労働省「国民健康・栄養調査」）

ない、ほとんどがこの何れかに収斂されるのではないでしょうか。中には実際に割合で見ても減っている場合もあるでしょうが、ごくごく少ないと思われます。

ちゃんと数字を見ればわかることなのですが、ついつい「若者の○○離れ」というレッテル張りで済ませてしまいます。いかに我々がバイアスを持っているかがわかります。

08.
地球温暖化を防ぐために、私たちが今できることは何か

サクラが見られなくなる？！　温暖化で開花メカニズムに異常

受験の合格発表や入学・卒業式シーズンを彩る「桜」に異変が生じている。年を経るごとに開花が早まっているのだ。今年の関東では3月半ばに開花が始まり、各地の花見イベントが前倒しや中止となったのは記憶に新しいところだ。背景には、桜の開花メカニズムと、地球温暖化の影響があると専門家は口をそろえる。このまま開花が早くなる流れが止まらなければ、近い将来、桜が見られなくなる地域もあるという。

（産経新聞　2018年5月15日より抜粋）

温室効果ガス、削減達成でも3度上昇 石炭火力依存の日本名指し 今世紀末、国連予測

世界各国が掲げる温室効果ガスの排出削減目標を達成しても、地球温暖化が進んで今世紀末の気温上昇が3度に達し、深刻な被害が生じる恐れがあると警告した報告書を国連環境計画が1日までに公表した。

政府に加え、企業や自治体の早急な対策強化の必要性を強調し、排出量が多い石炭火力発電を推進する国として日本も名指ししている。

（毎日新聞　2017年11月1日より抜粋）

地球環境に破壊的な影響をもたらす地球温暖化

地球に暮らす私たちは、これ以上の温暖化を防ぐために、

いったい何ができるでしょうか。個人が意識すれば地球温暖化は解決するのでしょうか、それとも国家レベルで何らかの規制をしなければ解決しないほど、事態は深刻なのでしょうか。

私自身、地球温暖化が深刻とは聞いていますが、具体的にどれくらい深刻なのかは実は知りません。もしかすると私たちは、専門家みんなが「地球温暖化だ」と言っているから、何も知らないままただ歩調を合わせて、「深刻だ」と思っているだけなのかもしれません。

そこで改めて、事態の深刻さを振り返ってみましょう。

そもそも地球が誕生して以来、温暖化と寒冷化がサイクルのように続いていることが知られています。つまり温暖化自体は「今までもあったよね」で済まされる話です。

問題だと見られている理由は、20世紀以降の温暖化の顕著な原因として、**温室効果ガスによる人為的要因が考えられるから**です。つまり**人間が今までの生活を変えなければ気温が温かい状態が続き、地球環境に破壊的な影響をもたらす可能性がある**からこそ問題だと見られています。

破壊的な影響の例としてあがるのが、海面上昇、水循環への影響、生態系への影響、またこれらがもたらす食料不足などです。気候が予想よりほんの少し大きく変動するだけで、様々な因果をもたらす可能性が指摘されているのです。正確に因果関係が掴みかねているからこそ、余計に不安に感じてしまう面もあります。

「地球寒冷化」と「地球温暖化」どちらが正しいのか

では、その地球温暖化が問題と認識されたのはいつ頃でしょうか。

正確な始まりは定かではありませんが、科学技術が進歩し続けた1970年代に地球の大気についての理解が進み、深刻な問題として認識されたと言われています。

実は、**それまでの定説は「地球寒冷化」**でした。1940年～1970年にかけて地球の気温は低下傾向にあり、数千年以内に氷河期が訪れるというのが学会の共通認識でした。ですが1970年代後半からは二酸化炭素により温室効果が増強され、地球の気候はむしろ暖かくなるという論文が立て続けに発表され、どちらの見方が正しいのか議論が活発になります。

1979年2月には世界気象機関によりジュネーブで世界気候会議が開催され、気候変動の研究を推進していくべきだという機運が高まります。やがて、1980年代になって地球の気温が上昇傾向に転じると、地球温暖化が正しいのではないかという主張が高まるようになりました。

そして1985年10月には、オーストリアのフィラハで地球温暖化に関する会議が開催されたことをきっかけに、二酸化炭素による地球温暖化問題が大きく取り上げられるようになりました。

つまり、**地球温暖化に警鐘が鳴らされるようになってからまだ約30年しか経過していない**のです。

「地球全地点の気温データ」でなくとも「偏差」でわかる

実際のところ、地球はどれくらい暖かくなっているのでしょうか。気象庁によると、世界の年平均気温は1891年～2017年にかけて以下の図8-1のように推移していることがわかっています。

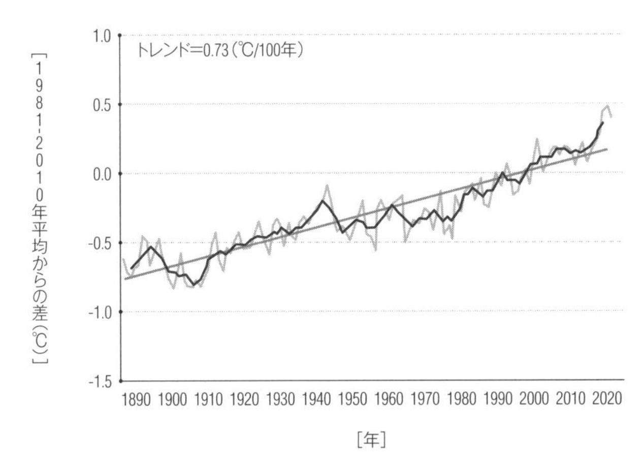

図8-1：世界の年平均気温偏差（1981年～2010年平均基準）

（出典：気象庁「世界の年平均気温」）

約120年間を通じて、およそ0.8℃ほど暑くなったと推察できます。約1℃上昇したと言われてもピンと来ないかもしれませんが、それが地球には大きな負荷となるのです。

ちなみに「偏差」（基準となる1981年～2010年平均値との「差」）ですから、実際の値ではありません。なぜ実際の値ではないのかについて、データを発表する気象庁は「正確な世界の年平均気温が算出困難である」「地球温暖化や気候変動を監視する上では気温そのものにあまり意味がない」という2点を挙げています。

実際、気温の観測地点は都道府県毎に平均して数カ所程度に限られています。気象庁すべてのデータをもって平均値を求めても、日本の平均気温を代表しているとは言えません。それに温暖化を知るには「今何℃か」よりも「何℃上昇したか」が大事なので、確かに「偏差」で十分です。**現実的に無理な数字を追い求めるより、今あるデータで分かる範囲だけでも十分に気候変動はわかります。**

この推移を見れば、確かに1940年代以降しばらく平均気温偏差は横ばいが続き、1970年代後半から上昇する傾向が見て取れます。

しかも2010年代以降は加速するように一気に上昇しています。地球温暖化を防止しようとする機運が高まって30年も経過しようとしているのに、むしろ止まる傾向に無いのはいったいなぜでしょうか。

回帰分析を用いて「大阪の温暖化」を検証する

今度は個別にデータを見てみましょう。

まずは、我が故郷・大阪の月平均気温を見てみましょう(図8-2)。データは1883年1月分から存在していました。そこで2017年12月までの1620カ月、135年分の変化に注目します。

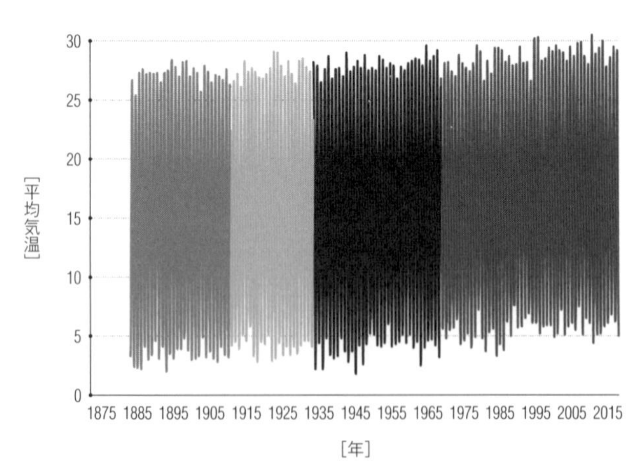

図8-2：大阪の月平均気温推移

(出典：気象庁)

途中で折れ線グラフの色が変化しているのは、気温を図る計測環境に変化があったことを意味しています。気象庁も「**比較する際には注意が必要**」と警告しており、一概には比べられません。同じ大阪ですが、まったく同じ環境ではないので微妙な変化がある前提でデータを見てね、という受け止め方をしましょう。

こうして見比べると、気温が上昇しているように見えなくもありません。そこで、**月平均気温を集計して年単位の平均値を算出してみました**。ただし、計測環境の変わり目が起きた1910年、1933年、1968年に関しては12カ月分のデータがないので除外しています（図8-3）。

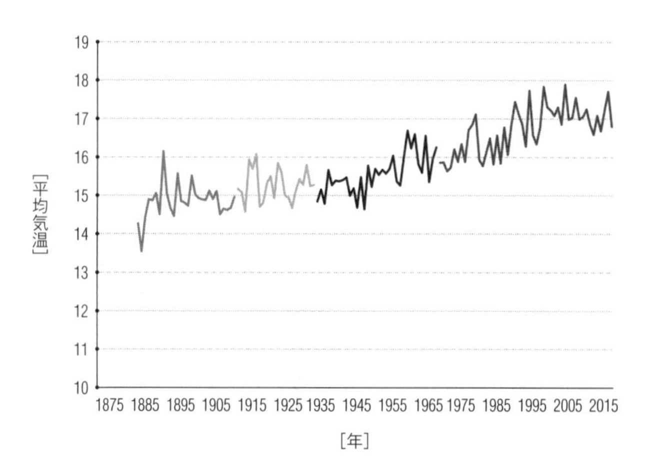

図8-3：大阪の月平均気温の年単位平均

（出典：気象庁）

約135年という超・長期的目線で推移をみると、途中横ばいの期間はあるものの、およそ2～3℃ほど暑くなっているようです。特に、出だしで説明したように1960年代後半以降は平均気温が急激に上昇しているように見えます。

そこで、データに一貫性がある1969年～2017年の期間のデータをもとに、回帰分析をしてみました。

回帰分析とは、簡単に言うとあるデータのモデル化（数式で表現すること）を行い、あるデータから別のデータを予測する分析手法の1つです。数式ならY＝aX＋bと表現します。これがモデルです。

たとえば、Y＝2X＋2というモデルができれば、あるデータXの値が3なら、あるデータYの値はだいたい8ではないかと予測できます。だとすると、あるデータXの値が4なら、あるデータYの値はだいたい10ではないかと予測できます。

では、1969年～2017年の期間のデータなら、どうなるでしょうか。次の図8-4のように直線を引きます。

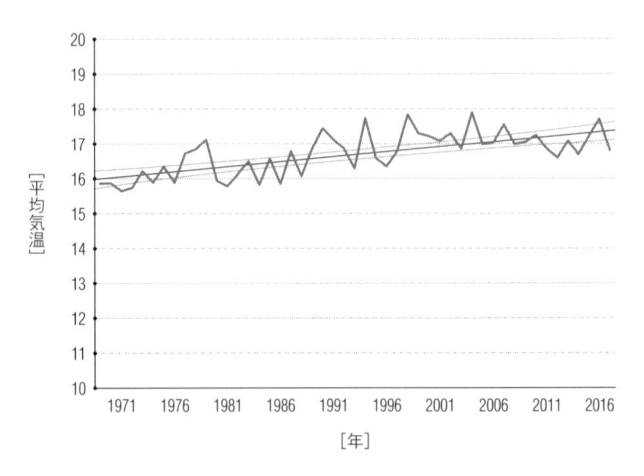

図8-4：大阪の月平均気温の年単位平均（1969年～2017年）
（出典：気象庁）

1年経つたびに少しずつ右肩上がりの傾向が見えます。その傾向に最も近しいモデルが線で表現されています。

しかし、この直線から上振れたり下振れたり、傾向と異なる年もあります。例えば1990年を見ると、モデルとして引かれた直線より実際の方が温度は高いです。回帰分析はこうした誤差もあるので、必ずしも百発百中の予測では無いのです。あくまで、この直線が48年分の傾向を表すのに相応しいモデルだと理解すればいいでしょう。

この直線のモデルは以下の通りです。

大阪の月平均気温の年平均=0.03×（1969年から何年目か）+15.99

1969年を基準に考えると、**1年あたり0.03℃暑くなっている傾向**にあるとわかりました。約33年で1℃の上昇です。図8-1と見比べると、ちょっと急激な上昇過ぎる結果となりました。何か変なデータが混ざっているのかもしれません。

たとえば、ヒートアイランド現象のような地表の被覆の人工物化、人工排熱の増加、都市の高密度化による影響です。地球が温暖化しているのではなく、計測する環境近辺が暑くなっていると表現しても良いかもしれません。

もうひとつ気になるのは、図8-2の折れ線グラフの推移を見ると、月平均気温の上限はあまり変化が無いように見えて、下限は少しずつ上がっているように見えます。つまり、寒暖差の幅が狭くなっているように見えるのです。

最高が同じでも最低が上がれば平均値は上がる

そもそも、**月平均気温という数字が曲者**です。1日の推移で見ると、気温は昼に高くなり夜に低くなるというサイクルを繰り返しているはずです。1日あたりの最低気温と最高気温を丸めて1日の平均気温で表現してしまうと、最高気温が上がらなくても最低気温が上がれば、平均気温は

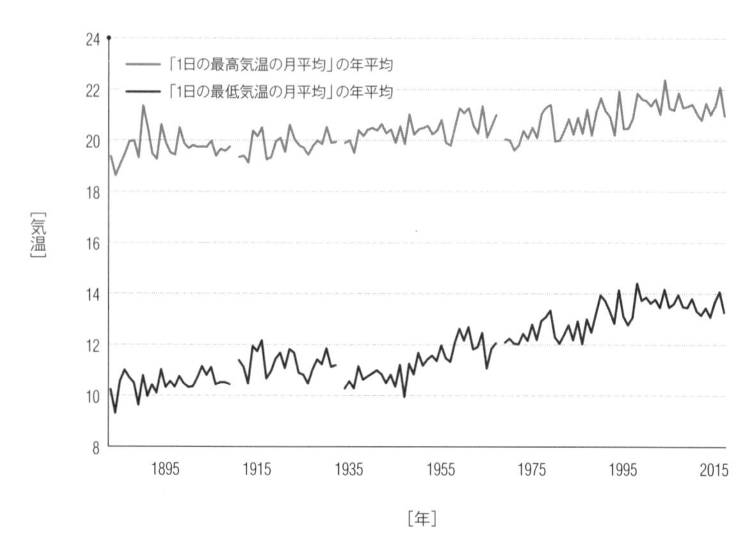

図8-5：大阪の「日最低・最高気温の月平均」の年平均
（出典：気象庁）

上昇したことになります。

「平均気温」は、地球温暖化を評価するために正しい指標なのでしょうか。

そこで月平均気温の年単位平均ではなく、「1日の最低・最高気温の月平均」の年平均を求めてみました。図8-5のような推移になります。

最高気温は、1950年後半から21℃を上下した状態が続き、2004年に初めて年平均が22℃を超えています。つまり約50年かけて1℃上昇しています。

一方の最低気温は、同じく1950年後半に11℃を記録して以降、一貫して上昇し続け、1994年には14℃を突破して、以降は上がったり下がったりを繰り返しています。つまり40年かけて3℃上昇しています。

つまり最低気温と最高気温に分けてみると、**暑くなって**

いるのではなく、寒く無くなっているのではないかと推測できます。非「寒冷化」であって「温暖化」とは言い切れないのではないかという仮説を抱きました。
「約120年間を通じておよそ0.8℃ほど暑く」なっていると表現しましたが、それは24時間全てにおいて0.8℃ほど暑くなっているのでは無いようです。
この仮説が正しいのか、他の地点を見てみましょう。

暑くなったのではなく、寒くなくなった日本

どの地点を参照するのが最適でしょうか。100年スパンで温度を計測することを考えれば、あまり変化が少ない地方が良さそうではあります。
実は、気象庁が「日本の年平均気温偏差」を求める際に、日本の15地点に置かれた観測所のデータを参照して作成しています。それは、網走、根室、寿都、山形、石巻、伏木、飯田、銚子、境、浜田、彦根、宮崎、多度津、名瀬、石垣島の15地点です。
これらの地点は、長期間にわたって観測を継続している気象観測所の中から、都市化による影響が比較的小さく、また、特定の地域に偏らないという観点で選ばれています。
それぞれ、「日最低・最高気温の月平均」の年平均を求め、計測環境が変化している場合は直近の気温の推移から、回帰分析を行いました。
それぞれ以下の図8-6の通りの結果となりました。

（x＝それぞれの調査期間の何年目か）

地点名	日最低年平均＝	日最高年平均＝
北海道　網走（1890年～2017年）	0.014*X+1.42	0.006*X+9.66
北海道　根室（1880年～2017年）	0.015*X+1.48	0.000*X+9.21
北海道　寿都（1885年～2017年）	0.007*X+4.85	0.006*X+11.00
山形県　山形（1890年～2017年）	0.017*X+5.45	0.005*X+15.96
宮城県　石巻（1888年～2017年）	0.008*X+7.13	0.009*X+14.57
富山県　伏木（1888年～2017年）	0.011*X+9.20	0.010*X+16.91
長野県　飯田（1898年～2001年）	0.014*X+6.25	0.009*X+17.92
千葉県　銚子（1898年～2001年）	0.013*X+11.30	0.011*X+17.46
島根県　境（1883年～2017年）	0.013*X+9.82	0.012*X+18.03
島根県　浜田（1893年～2017年）	0.013*X+10.41	0.010*X+18.31
滋賀県　彦根（1894年～2017年）	0.018*X+9.13	0.009*X+17.95
宮崎県　宮崎（1886年～1999年）	0.013*X+11.60	0.007*X+21.38
香川県　多度津（1893年～2017年）	0.015*X+10.96	0.012*X+18.97
鹿児島県　名瀬（1897年～2007年、ただし1945年は欠落）	0.013*X+17.45	0.005*X+24.40
沖縄県　石垣島（1897年～2007年）	0.022*X+19.88	0.006*X+26.28

図8-6：日本１５地点の「日最低・最高気温の月平均」の年平均の回帰分析

（出典：気象庁）

15地点のうち、石巻を除いた14地点で**最高気温より最低気温の上昇具合が高い**と分かりました。中でも、網走、根室、山形、彦根、名瀬、石垣島の6地点は、最低気温の上昇度が最高気温の2倍以上あります。

つまり地球温暖化と言っても、暑くなっているのではなく、寒く無くなっているのではないかという仮説は、ある程度正しいのではないかと考えられます。

しかし、この結果だけをもって「地球温暖化は過大評価」とするのは正しくないと思います。また、1日の気温寒暖差がこのまま少しずつ縮まっていった場合、この先に何が起こるのかまだ誰も正確に説明できないでしょう。たとえば作物への影響は容易に想像できますが、それ以外にも様々な影響があると思われます。

この章のまとめ

ざっくり言うと**地球には冷ます力と温める力があります**。地球が何度となく繰り返している寒冷化と温暖化は、このふたつの力のバランス欠如だと捉えればいいでしょう。

強力な火力で熱された中華鍋をイメージしてください。火から離してしばらく放置すると、中華鍋も冷めて、素手で触れるようになります。これを「**放射冷却**」と言います。周囲に電磁波を放射し、熱を逃がして、温度が下がっているのです。もちろん地球にもこの現象が起こります。

気温の変化も放射冷却で説明できます。朝日が昇り、太陽により地表が温まります。強力な火力で熱された中華鍋状態です。地球の地表からも放射冷却で熱が逃げますが、太陽からの熱が優っているので、熱が大気にこもると考えれば良いでしょう。やがて日が沈むと、地表から放射され熱が逃げていきます。だから夜に気温が下がるのです。

もし太陽からの熱がない場合、地球の気温は約マイナス18℃程度と言われています。実際の地球の気温は約15℃なので、30℃ほど温められています。言い換えれば、地球の放射冷却を何かが邪魔していると言えます。

それが**温暖化の原因である温室効果ガス**です。温室効果ガスは、地表から出た放射を横取りして、全方位に向けて放射します。宇宙にも向かいますし、もう一度地表に戻ることもあります。これが地球を温める要因になりますし、私たち人間が暮らせる地球にしている理由のひとつとも言えます。

本章のはじめに「温室効果ガス」が増えていると言いました。それ自体が地球を温めているのではなく、**地球の「冷ます力」を妨害している**と言えます。したがって、**最高気温が上昇するより、最低気温が上昇するという表現**は、もしかすると科学者の方も「そうかもしれない」と感じられるかもしれません。

ちなみに地球温暖化をめぐる問題は、ここで挙げたように気温を巡る地道な計測が基本ですが、21世紀以降は話が少し複雑になっています。

理論物理学者のフリーマン・ダイソンや、ノーベル賞受賞者であるアイヴァー・ジェーバー、ウィリアム・ハーパーなど、気候変動問題に対して「科学ではなく宗教化している」と疑義を唱えている科学者は多数います。「地球温暖化を疑ってはならない」という有無を言わせぬ圧力のようなものがあるようです。

真実は果たして、どうなのでしょうか。この本がデジタル化され、100年後、200年後まで残った時に、この本を手にとった何百年か後のあなたが、その真実を知っているのでしょう。

09.
糖質制限ダイエットの結果とデータにコミットする

「やせ過ぎ」の危険　ダイエットを知る

じつは今、世界では「やせ過ぎ」がもたらす危険性について懸念が広がっています。若い女性の場合、行きすぎたダイエットは月経異常を引き起こし、将来的には妊娠、出産に影響を及ぼす可能性があるほか、「拒食症」や「過食症」といった摂食障害のきっかけになる恐れがあると言われているのです。

今年5月にはフランス政府が法律でやせ過ぎのモデルを規制し、9月には海外の有名ブランドが過度にやせたモデルをファッションショーで使わない方針を発表しました。

（読売中高生新聞　2017年11月30日より抜粋）

ヘルスリテラシーを身につけよう

健康や医療に関する情報は、さまざまな種類のメディアを通して日々発信されています。体の不調を感じると、真っ先にインターネットで検索して症状や病気について調べる人も多くみられます。あまりにも情報の数が多すぎて、どれが本当の情報なのかわからないという人も少なくないのではないでしょうか。その一方で、根拠もなく一つの情報だけをうのみにするのも危険です。

（毎日新聞　2018年4月8日より抜粋）

本当に痩せたいなら正しいデータを把握しよう

あなたは痩せたいですか？

そう聞かれて「いいえ」と答える人は、ガリガリに痩せていてむしろ太りたいと考えている人ぐらいでしょう。中肉中背で痩せなくても良い人でさえ「痩せたい」と答えるのが現代だと私は思っています。

人はなぜ痩せたいのでしょう。

健康のためでしょうか。実は研究の結果、太り過ぎも良くないですが、痩せ過ぎも良くないと明らかになっています。さらに、年を重ねるとむしろ、太っているより痩せているほうが死亡率は高まる、という結果も出ています。

見た目を良くするためでしょうか。しかし、肥満体型でも渡辺直美さんやマツコ・デラックスさんなど体型を活かして活躍する素敵な人は大勢います。魅力のなさを体型のせいにしているようでは、たとえ痩せたとしても、あまりモテないままかもしれません。

結局のところ本当に痩せたいのではなく、単に同調してそう言っているだけか、痩せると言うだけで自然に体内が浄化され、デトックスされる一種のおまじない、とでも思っているのではないでしょうか。

もし、「私は本当に痩せたい！」と思われるなら、**自分の体重を脂肪量、除脂肪量（筋肉量＋推定骨量）に分解した時に、それぞれ今は何キロあって、何キロまで落とすべきか**既に把握されていますか？　**本当に痩せたいなら正しい知識を身に付けようとするはず**です。

筆者は2015年10月から約1年3カ月にわたってライザップに通い、最大84キロ近くあった体重を約66キロにまで落とすことに成功しました。自宅で測った体重の推移は以下の図9-1の通りです。

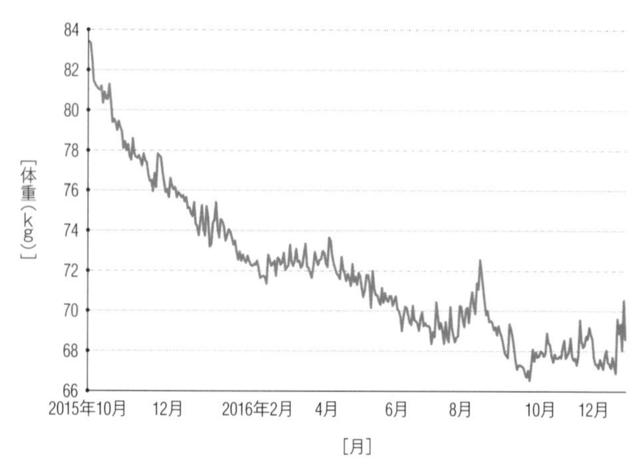

図9-1：体重の推移

（出典：筆者、以下同）

ダイエット前は収監直前の堀江貴文さんみたいだと言われていましたが、痩せて以前の服があわなくなり、すべての服を買い換えるまでの劇的な変身を遂げました。

どうやって痩せたのか、データを元に振り返ってみましょう。**ちなみにこの章はライザップ社から裏でお金を貰って書いているわけではありませんので念のため。**

実は統計的な推定値だった体脂肪率

皆さんが体重と体脂肪率を測る際、家にある体重計を使うでしょう。たまにジムに備え付けられた器具を使って計測すると、家で測るより体脂肪率が低く出て「おっ、痩せてる！」とテンションが上がる……、という経験はありませんか。

それは、大きな誤解なのです。市販されている体脂肪測定機器は、使用者の体脂肪そのものを測っているわけではありません。インピーダンス法と呼ばれる、その人の身体の「電気抵抗」（電気の流れやすさ）を測っているだけです。

この方法は、脂肪は電気を通しづらく、筋肉は電気を通しやすい性質を利用します。つまり、**どれくらい電気を通したかという結果と、事前に入力された性別・体重によってわかる、「統計的な推定値」を目安として表示するだけ**なのです。

水は電気を通しやすく、油は電気を通しにくいのは広く知られています。体脂肪率は体内水分量が高いか低いかで2～3%は変わります。朝起きてすぐと晩御飯を食べた直後をくらべると、5%くらいは変わっていてもおかしくはありません。計測する機械が安価であるほど、体脂肪率の揺れ幅は大きくなると考えてもいいでしょう。

ちなみに筆者の場合、毎日の体重測定と、ライザップの

図9-2：自宅とライザップそれぞれで計測した体重の推移

店舗に備え付けられていた超高価な機械による体重測定のふたつを併用していました。体重に大きな違いはありませんでしたが、ダイエットの中盤以降、体脂肪率の計測結果には大きな差がありました（図9-3）。

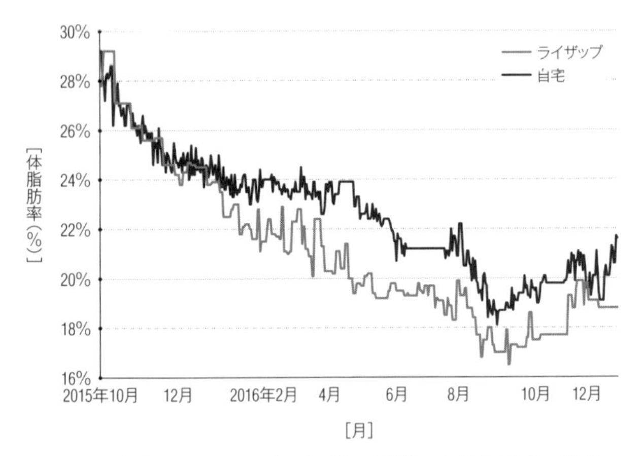

図9-3：自宅とライザップそれぞれで計測した体脂肪率の推移

もしダイエットをしたいなら、まずは体脂肪率がどれだけ正確に計れるかを基準に体重計を選ぶことから始めれば良いでしょう。ただし、精度の低い体重計は良くないとまでは思いません。体重計は値の推移を把握するのが大事です。自分の所得に見合った体重計で十分でしょう。

体重・体脂肪は絶対比較より相対比較で見る

1年3カ月の体重推移を見ると、最初は急に減量に成功していますが、徐々にその幅は少なくなっているようにも見えます。それは当然で、85キロのデブが1キロ落とすのと、70キロのポッチャリが1キロ落とすのは訳が違います。

つまり「**ダイエット**」**とは、絶対比較で見るのではなく、**

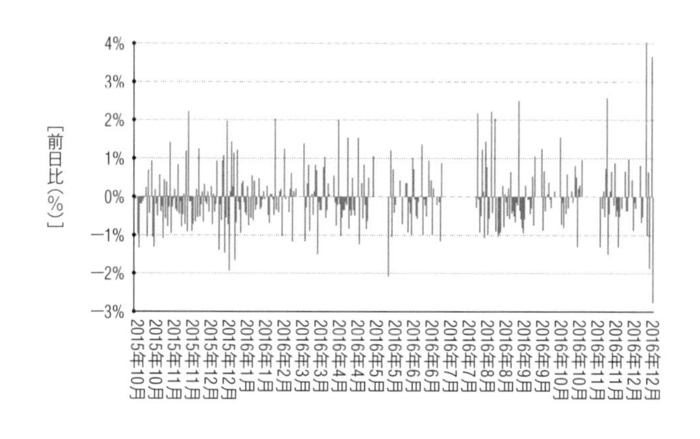

図9-4：前日に比べて体重が減った割合

相対比較で見るべきです。

今日の体重は昨日に比べてどれくらい減ったのかという割合で推移を見てみると、図9-4のような傾向が現れました。

1年3カ月を通して、上下にかなり乱高下していることがわかります。上下約2%で推移しており、2016年最後の週になると上下約4%にまで幅は広がります。これは年末年始なのを良いことに、暴飲暴食をしてしまったことに起因します。たったそれだけで、昨日比で体重が＋4%も増えるのは衝撃でした。

そもそも体重は、いつ測るか、昨日何食べたか、ウンコが出ているか等、様々な影響を受けます。ライザップで苦しい肉体改造に励んでいるのに0.1キロも痩せなかった、なんて日はよくありました。体重が落ちているのは確かですが、前日との比較だと傾向が見えにくいようです。

一喜一憂しないために移動平均を活用

こうした誤差に影響されない「中期」のトレンドを見るために、移動平均を使って「短期」のトレンドを打ち消してみましょう。

移動平均とは、簡単に言うと一定の区間（期間）を定め、範囲をずらしながら平均を算出することで、規則的な変動要素と不規則な変動要素の影響を除き、推移を「平滑」にする手法です。特に金融や気象などの分野で重宝されています。株式投資をなさる方なら「○日移動平均」という言葉にピンと来るのではないでしょうか。

たとえば、次の図9-5のような日単位のデータがあるとします。これを1週間で見るとバラつきがあるのがわかります。まずはこの日単位のばらつきを消したい場合、1週間分の平均値を求めて、以降は1日ずつ範囲をずらしなが

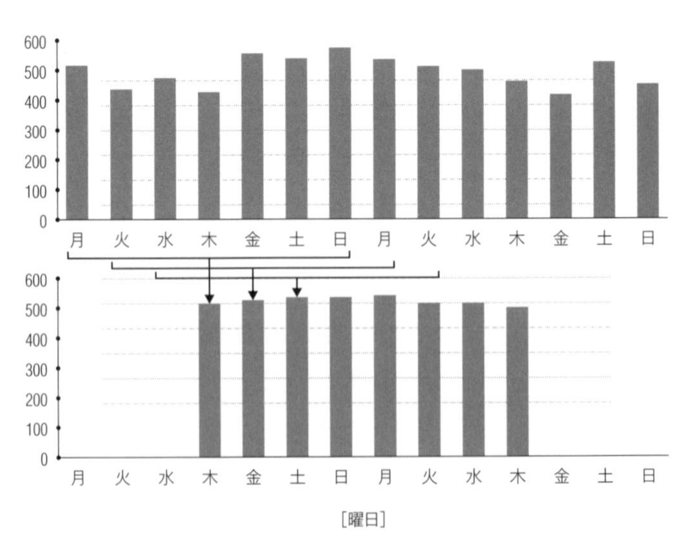

図9-5：移動平均のイメージ

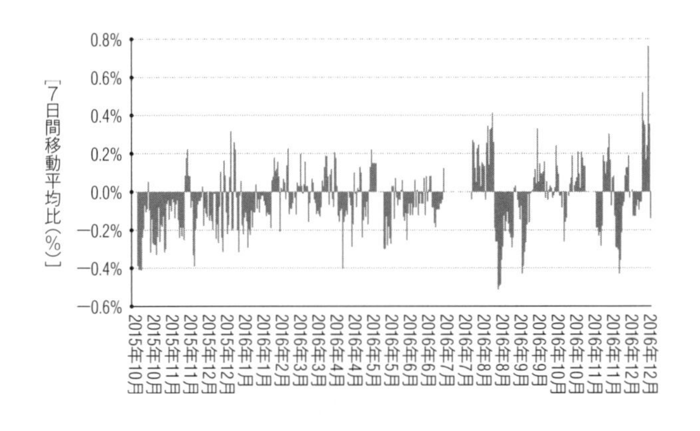

図9-6：7日間移動平均の結果を比べて体重が減った割合

ら平均を求めます。すると1週間の中にある変動要素を取り除くことができます。

何日分の平均が良いのかはデータによります。今回の場合、どのような変動要素があるのか不明なので、とりあえず1週間、7日移動平均で傾向を見てみましょう。

計測した日から7日間分さかのぼった体重の平均は、前日から7日間分遡った体重の平均に比べてどれくらい減ったのかという割合の推移で見てみましょう。図9-6のような傾向が現れました。

集中的に体重が落ちているのはどの期間かがよく分かります。全体を俯瞰してみると、おおよそ減少する割合に大きな違いは無かったことが分かります。つまり、痩せる量が急に減ったからといって、慌てる必要は無いのです。

ついでに、同じ7日移動平均を体脂肪率でも見てみましょう。体重と体脂肪率ならほぼ同傾向だろうと言われてしまいそうですが、せっかくなので私の努力の証を見てください（図9-7）。

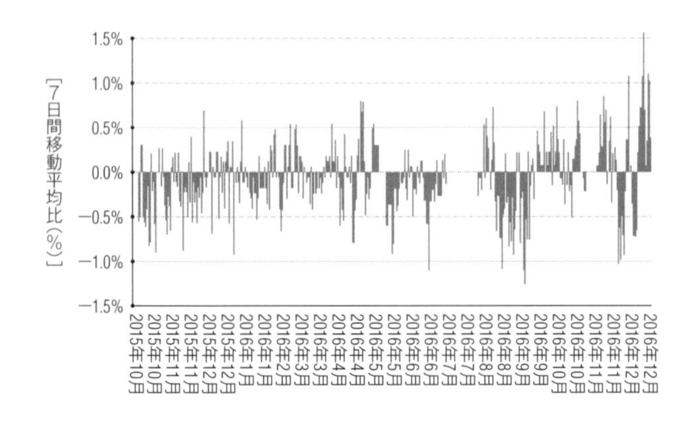

図9-7：7日間移動平均の結果を比べて体脂肪率が減った割合

体重同様に、あまり傾向には変化なく、体脂肪率を落とし続けていることが分かります。

こうしてみると、体重が落ちる割合には大きな変化が起きていないことが分かります。水を多めに飲んだ、今日はまだウンチが出てぃなぃ、そうしたことは中期トレンドでみると誤差に過ぎません。誤差に惑われされないためにも、移動平均の発想で体重の落ち具合を管理すると良いでしょう。

基礎代謝を計算して飢餓状態の無間地獄を防ぐ

昨日に比べて体重が200グラム減った、なぜか100グラム増えた、など、体重ほど一喜一憂する数字は身近には他にありません。その割には体重を計る機械の精度に無頓着だったり、人間が太る仕組みに無理解だったり、**とにかく**

数字のみ見ていたら良いという風潮があります。

ライザップ以前に私も何度かダイエットの経験があるのですが、改めて過去のデータを見ると、体重は落ちているものの、実際には筋肉量が落ちていて、脂肪はあまり減っていないダイエットばかりだったことに気付きました。

これは間違ったダイエットの結果です。1食抜く、食事を何かに代替するなどの食事制限がダイエットに有効、なんて都市伝説だと私は思っています。

ダイエットで重要なのは、1日の摂取エネルギーが基礎代謝（じっとしているだけで消費されるエネルギー）を下回らないこと、もう1つは1日の消費エネルギーを増やすために、大量のエネルギーを消費する筋肉量を維持すること、この2つだと私は思っています。

ちなみに基礎代謝の計算式は男女で違うので、以下を参考にして下さい。

男性：66＋13.7×体重kg＋5.0×身長cm－6.8×年齢
女性：665.1＋9.6×体重kg＋1.7×身長cm－7.0×年齢

※ハリス・ベネディクト方程式(日本人版)の場合

私がダイエットを始めた当初は、約1800kcal/日が目安となる基礎代謝でした。しかしライザップを始める前は晩飯を抜いた生活で過ごしていたため、トレーナーからは「1日の平均摂取エネルギーが1200kcal前後ですから、**身体は飢餓状態かもしれません**。逆にもっと食べなきゃダメですよ」と指摘を受けました。

飢餓状態とは、摂取エネルギーが基礎代謝を下回り続けると発動する身体のモードです。餓死しないよう身体の活動量が低下してしまうのです。エンジンが壊れて燃費の悪い車になってしまうと考えればいいでしょう。

当然、脂肪燃焼しようにも機能が低下しているので、思っているより燃えません。飢餓状態にあると、脂肪燃焼の能力を持つ筋肉も本来の力を発揮しないのです。**ご飯を抜いてもまったく痩せないのは、理由があるのです**。

もう少し詳しく解説します。

必要な糖分が摂取できなくなると、身体は体内から糖を補おうとします。まず、肝臓に蓄積されているブドウ糖やグリコーゲンから糖を補います。これらがなくなれば糖新生という代謝を行います。ちなみに糖新生はたんぱく質を材料に、糖を作ります。この仕組みをオートファジーあるいはは自食と呼ぶのですが、大隅良典さんはこのオートファジーの研究で2016年ノーベル生理学・医学賞を受賞されました。おめでとうございます。

ところが、1日の摂取エネルギーが基礎代謝すら下回っている状態が続き、体内のたんぱく質でも補えなくなると、使っていない筋肉を"アミノ酸"に変えて糖を作るようになります。つまり筋肉が無くなってしまうのです。

当然、**筋肉が減ると脂肪を燃やす能力が落ちてしまいます**。そうなると、運動に耐えられる筋肉量が減っているので運動量が減る→さらに消費エネルギーが減る→ますます燃えにくい身体になる→食べてないのに痩せない身体になる→余計あせって食べなくなる→ますます筋肉量が減る…という**無間地獄に堕ちます**。

糖質制限ダイエットでも1日50グラムは必要

そうならないため、まずは基礎代謝量を下回らないように、しっかりエネルギーを摂取します。ただし、糖質は抜きます。なぜなら糖質を摂取し過ぎると血糖値が上昇し、それを抑えるためにインスリンが分泌され、内臓脂肪が蓄積し、結果的に太るからです。

これが、糖質制限ダイエットが流行っている理由です。**痩せるのではなく、太りにくくなるのが正しい表現ではないか**と考えています。

インスリンは分泌されると血液中のブドウ糖を肝臓に送ってグリコーゲンという形で蓄積する一方、余った分は中性脂肪に変えて体内に蓄積するという働きをします。これがインスリンが肥満ホルモンと言われるゆえんです。

言い換えると、糖質を摂取する量が減ると血糖値の上昇が抑えられ、インスリンの分泌が抑えられ、内臓脂肪の蓄積もなくなります。さらに体内の糖分が不足すると、前述の糖新生で糖が作られますが、この時に中性脂肪が一緒に燃やされるという効果もあります。一石二鳥ですね。

かわりに**たんぱく質と脂質を中心としたメニューでしっかりカロリーを摂取します**。これが糖質制限ダイエットの本質です。今まで食べていた食事からご飯を抜いただけでは、単なる糖質カットになるだけで、必要なカロリーが不足します。これが先ほどの飢餓状態を招くのです。

糖質制限ダイエットに失敗する人の多くが、この罠にはまっているのではないでしょうか。ご飯を抜くだけでなく、二菜ぐらい増やさないとダメなのです。

簡単に聞こえて、実はこれが一番難しい。なぜなら「糖」質と聞くと甘い物だけ制限すれば良いように聞こえますが、糖分は甘い糖質（砂糖・果糖）と甘くない糖分（でんぷん）に分けられます。

糖質は食べちゃダメとまでは言われませんでしたが、控えるようにはなりました。ちなみに、ライザップでは糖質制限期の炭水化物摂取量は1日50グラムまでとされていました。

ぜひみなさんに知って欲しいのは、炭水化物を抜く＝糖質0グラムで過ごすという意味ではないことです。**というか糖質0グラムは物理的に不可能**です。

このような厳しい糖質制限をしていると「人間の脳は糖分を必要としている」と批判されるのですが、むしろライザップに通ってから日常的に襲う眠気もなくなり、すこぶる快調です。人間の脳が糖分を必要としているのはその通りですが、その全てが経口摂取した糖分でなければならない、という根拠はなく、糖新生でも問題ないという意見も多いです。

人間の身体は1日130〜150グラムの糖を必要としますが、糖新生では1日最大150グラム程度の糖を作れると言われています。ベースとして1日50グラム程度の糖は摂取しているので、脳の働きが落ちるほどではないでしょう。

ただし前述したとおり、慢性的な糖質不足は筋肉の分解を促進するので、50グラムの糖質はなるべく摂取するようにしました。摂り過ぎないのも良くないのです。さらにプロテインでたんぱく質を1日40〜50グラム分は補い、食事とあわせて日常的に130〜150グラムのたんぱく質を摂るようにしました。

むしろ苦労したのは便秘でした。その理由として「糖の摂取に慣れていた腸」が急にたんぱく質&脂質中心の食事メニューになったので、腸がその変化に対応するために変身している最中に、悪玉菌が増えたことに原因があります。

これをディスバイオーシス（腸内毒素症）と言います。
糖質は炭水化物と食物繊維に分けることができるのですが、食物繊維も食べないようにしていたので、ウンコも出にくくなっていました。低糖質に挑戦する人は注意して下さい。

糖質制限とライザップの効果を重回帰分析

体重を落とすためには、低糖質・高たんぱく質の食事、筋肉量を落とさないためのトレーニングが重要だとわかりました。では、私がダイエットに成功した理由はこうした食事制限とトレーニングにあるのでしょうか。ダイエット期間にあたる2015年10月から2016年2月までの5カ月分のデータを用いて回帰分析を行ってみました。
1日の糖質摂取量（X）に対して、1日でどれくらい体重が減ったか（Y）を求めてみました。結果は以下の通りです。

1日に減る体重＝0.012×（糖質摂取量）−0.60

1日あたり50グラムの上限まで糖質を摂取して、±0キログラム。実際には40グラムから50グラムの糖質摂取だったので、50グラムを下回った分だけ痩せた、それがダイエットの最初の5カ月だったのではないかと感じています。
ではさらに、糖質摂取量だけでなくたんぱく質摂取量と前日にライザップに通ったか否かで、1日あたりどれくらい体重が減たかを、重回帰分析から求めてみました。1日に減る体重（Y）に対して、Xとなるデータ項目が複数ある場合は重回帰分析と呼びます。

1日に減る体重＝0.015×（糖質摂取量）
－0.004×（たんぱく質摂取量）
－0.063×（前日ライザップに通ったか）
－0.23

たんぱく質を摂取した分だけ痩せる……？　おっと、残念ながら、非常にイメージから外れたモデルが生まれてしまったようです。実際の重回帰分析のアウトプットは、モデルの精度や各変数の当てはまりの良さまで仔細に分かるのですが、本書ではそこまで言及しません。興味のある人は勉強してみていただければ幸いです。

最初の5カ月は体重減少がメインであり、筋肉量の維持・増加がメインではないため、たんぱく質の摂取や加重トレーニングが体重減少にどれくらい効果を発揮したのか、データでは見づらいかもしれませんね。

この章のまとめ

体重を落とすなら、脂肪量と筋肉量に分けてデータを把握し、脂肪量を減らすためには1日どれくらいの食事を食べるかを計算して決めるのが、ダイエットでは効果的です。

それができれば苦労はないのかもしれません。しかし、**数字で管理しないまま食事を摂って、毎朝体重計に乗って体重だけを測り、太った、痩せたと評価するのも、またおかしなこと**なのです。

特に危険なのは、筋肉だけ落ちているのに「体重が減った！」と喜ぶことです。筋肉は代謝の源です。筋肉が減れば、ますます痩せにくい身体に仕上がります。短期的な体重減よりも長期的な視野を持ちたいものです。そのためにはヘルスリテラシーは欠かせません。

結局、ダイエット手法に目移りするよりも、精度の良い機械を購入して自己管理に励むのが、遠回りに見えてダイエットの一番の近道なのかもしれません。

10.
生活水準が下がり始めたのか、エンゲル係数急上昇の謎

「エンゲル係数」ページ凍結で編集不能　その訳は

…「これは物価変動のほか食生活や生活スタイルの変化が含まれている」。1月31日の参院予算委員会で、野党の「生活が苦しくなっている」との指摘に、首相はそう反論した。突然、ウィキペディアが書き換えられたのは翌2月1日午前。昨年10月の直近更新時は冒頭の太字部分を含む簡潔な説明だった。これが＜現在では（係数の）重要度が下がっている＞などと首相答弁を踏まえた内容に改変。経済小説が出典とされた。

他のユーザーが＜小説をソースに書かれることではない＞と、すぐにこれを削除。今度は別の人物が＜昨今では核家族や一人暮らしが増えて中食（なかしょく）（＝弁当や総菜など）が増え、一概に値が高いほど生活水準は低いとは言えない＞などと応戦。＜外食は交際費や遊興娯楽費などに該当するので食費には入らない＞と虚偽の書き込みをしたが、これも削除された。“編集合戦”は19回続いた。

（毎日新聞　2018年2月22日より抜粋）

小売り、「食」シフト対応　エンゲル係数、29年ぶり高水準

…エンゲル係数は13年まで20年近くほぼ23％台で推移してきたが、14年から急激に上昇した。消費増税や食品メーカーの相次ぐ値上げなどで、食品の単価が上がった。ただ、値上げが一服した16年もエンゲル係

> 数の上昇は止まっていない。背景にあるのが人口構成やライフスタイルの変化だ。（略）
>
> 　エンゲル係数は数値が高いほど消費者の生活は苦しいとされてきた。だが今は、調理の負担を減らしたり、安全安心への関心を満たしたりするために積極的に食に支出する傾向も強まっている。人口減で「国民の胃袋」は縮小が確実だが、支出の食シフトは新たな商機も生み出す。
>
> （日本経済新聞　2017年1月26日より抜粋）

食生活の変化か、アベノミクス失敗の現れか

2017年1月31日、総務省統計局から2016年家計調査が発表され、2人以上の世帯のエンゲル係数が25.8％だとわかり、話題を集めました。なぜなら**29年ぶり、1988年以来の高水準**だったからです。その翌年の2017年家計調査では25.7％とほぼ横ばいで、単なる異常値ではないことが改めて示されました。

エンゲル係数とは、家計の消費支出（世帯を維持していくために必要な支出）に占める「飲食費」の割合を指します。ドイツの社会統計学者であるエルンスト・エンゲルが1857年に発表した論文で提案したことをキッカケに、生活水準を表す指標として定着しました。

エルンスト・エンゲルは、水や食料などの飲食費は人間が生きていくうえで最も根源的な消費活動であり、極端な節約は困難だと説きました。つまり、**エンゲル係数が高い家計は、食費以外に生活費を回す余裕がなく、生活水準が低い**と理解すればいいでしょう。

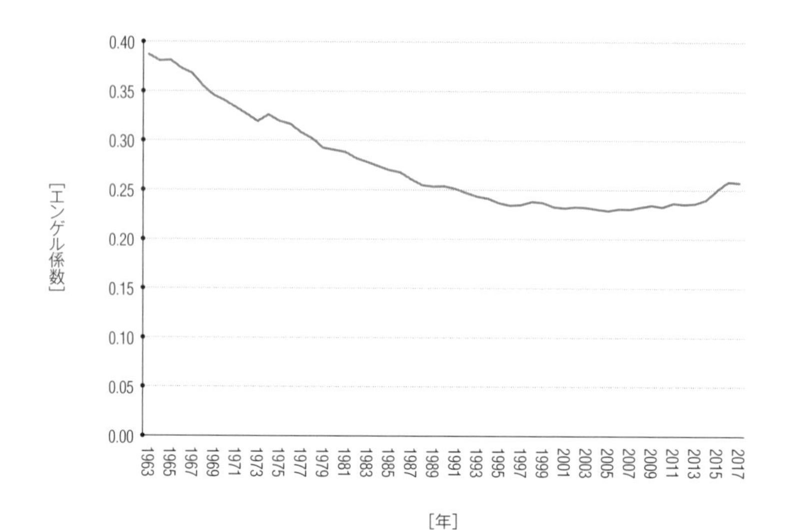

図10-1：1963年～2017年エンゲル係数の推移（2人以上の世帯）
（出典：総務省統計局「家計調査」）

日本では2006年ごろに下げ止まり、しばらく横ばいが続いたのですが、2013年から3年連続で上昇し続けています。

果たして日本は生活水準が下がり始めたのでしょうか？

野党は「アベノミクスが上手くいっていない証拠だ」と批判しますが、与党は「食費代のうち、中食が伸びているだけ。まったく問題ない」と主張します。果たして、どちらが正しいのでしょうか？

今、日本の家計に何が起きているのでしょうか。調べてみました。

月ごとに乱高下する家計を12カ月平均で把握

エンゲル係数を算出する元となる家計調査には、「二人以上の世帯」「単身世帯」これらを合算した「総世帯」の3種類があります。要は2人以上で暮らしているか、単身で暮らしているかの違いです。エンゲル係数の推移を見るに当たって、月次の集計が行われているのは「2人以上の世帯」のみですので、こちらのデータを参照します。

2000年1月以降の推移は次の図10-2の通りです。

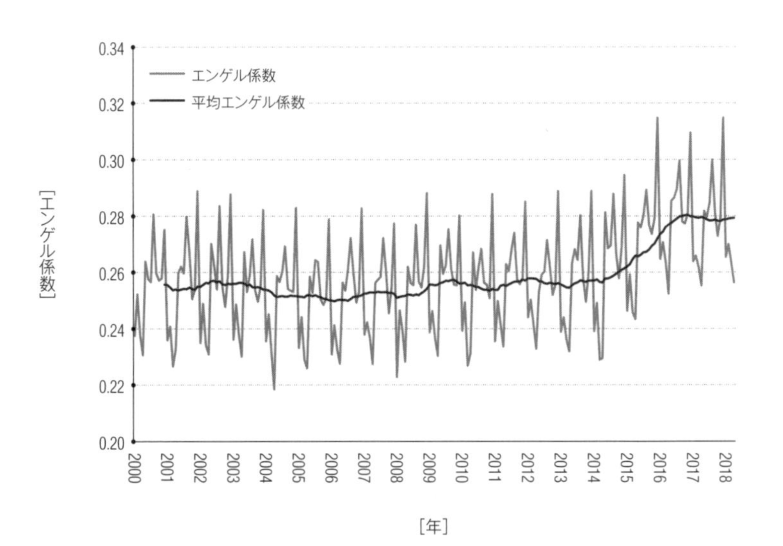

図10-2：2000年1月以降エンゲル係数の推移（二人以上の世帯）

（出典：総務省統計局「家計調査」）

月単位で見てかなり乱高下していることが分かります。年間を通して消費支出、食費が月単位で一定ということはあり得ませんから、考えてみればこれぐらい散らばって当然です。

とくに12月は1年間を通じてもっとも食費がかさむ月であることが統計結果から分かりました。クリスマスに正月の準備では出費がかさむのは致し方ありません。ちなみに

2017年12月は2000年以降で過去最高の31.48%を記録しています。

ジグザグして見にくいので、12カ月分平均食費÷12カ月分平均消費支出の12カ月移動平均で算出した結果を追加してみました（図10-3）。こうして見ると、25〜26%台を10年以上推移していたのに、**2014年ごろから上昇し始め、2年後には28%台を推移する**ようになりました。

これはエンゲル係数を求めるのに必要な、分母である消費支出に起因しているのでしょうか、それとも分子である食費に起因しているのでしょうか。

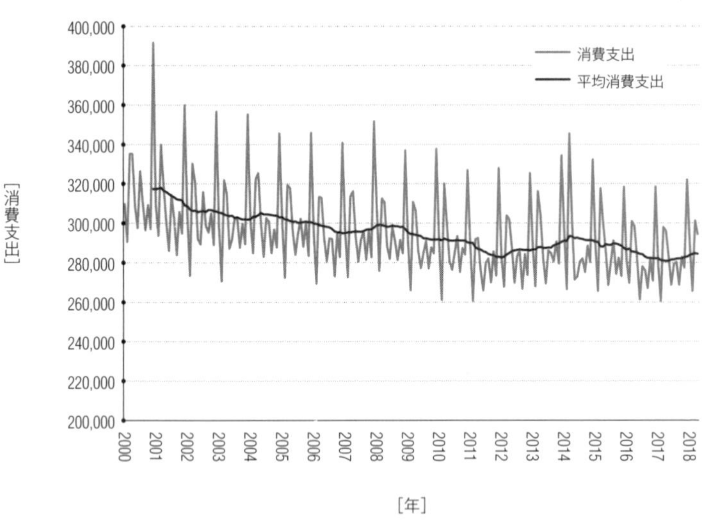

図10-3：2000年1月以降消費支出の推移（2人以上の世帯）

（出典：総務省統計局「家計調査」）

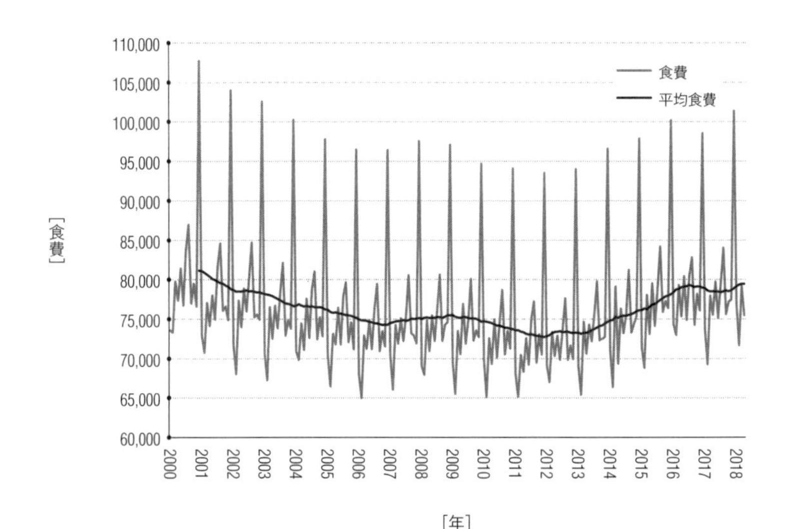

図10-4：2000年1月以降食費の推移（2人以上の世帯）

（出典：総務省統計局「家計調査」）

細かくジグザグ上下に変動しているので、12カ月平均に目を向けてみましょう。

エンゲル係数が上昇し始めた2014年1月を起点に2018年4月と比較すると、消費支出は約6700円（－2.3%）の減少、食費は約4600円（＋6.2%）の増加となります。特に食費の上昇幅が大きいですね。これではエンゲル係数は上昇して当然です。

ちなみに消費支出は、さかのぼって調べると1997年から緩やかに減少し続けているのに対して、食費は2011年を底に、2000年当時の支出に戻りつつあるという推移です（図10-4）。したがって「消費支出の減少」という見方はほぼ正確ですが、「食費の増加」という見方は留保せざるを得ません。**ここ10年が偶然低かっただけ、という可能性もある**からです。

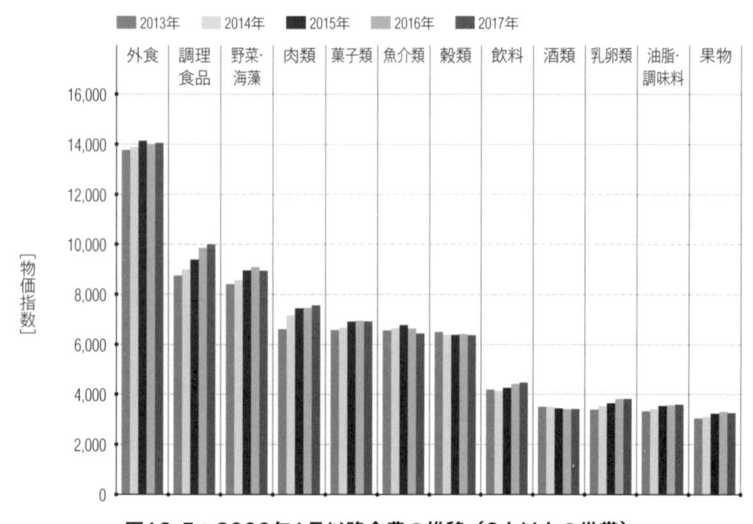

図10-5：2000年1月以降食費の推移（2人以上の世帯）

（出典：総務省統計局「家計調査」）

こうして見ると2013年ごろからの食費上昇が「変」だと感じませんか。「昨今では核家族や一人暮らしが増えて中食が増え、一概に値が高いほど生活水準は低いとは言えない」という書き込みは、間違いとは言えないのかもしれません。

食費の内訳をもう少し精査する必要があります。

どんぶり勘定ながら細かくチューニングされる「消費者物価指数」

食費の内訳は、穀類、魚介類、肉類、乳卵類、野菜・海藻、果物、油脂・調味料、菓子類、調理食品、飲料、酒類、外食の12種類に分類されています。

2013年から2017年分まで、12カ月平均分の年単位推移を見てみましょう。図10-5の通りです。

5年かけて食費全体で約4220円上昇しています。2013

年分平均と2017年分平均の比較で一番上昇しているのは調理食品で約1250円、次に肉類で約960円、野菜・海藻が約540円と続きます。この3ジャンルで3分の2を占めています。「調理食品」とは、いわゆる「中食」のジャンルです。やはり中食加速の流れは間違いないように見えます。

ただし、2013年以降に食品の値上げラッシュが相次いだので、**買う頻度が増えたからなのか、値上げが要因なのか、このデータからは上昇した理由が分かりません。**

日経新聞は「値上げが一服した16年」と表現していますが、16年4月には塩、コーヒー、納豆、さらに"ガリガリ君"まで値上げして全社員が謝罪したばかりです。それを「値上げ一服」とは、なんや広告も見んとそろいもそろって日経新聞さんは1年間ずっと寝てたんか！　という感じです。

値上がり感をつかむために、2015年基準消費者物価指数を見てみましょう。消費者物価指数は、消費者が実際に購入する段階での、商品の小売価格（物価）の変動を表す指数です。

ちなみに、消費者物価指数は約150年前にドイツのラスパイレスという経済学者が考案したラスパイレス式という計算式で作成します。日本だけではなく、世界の多くの国々でもこの計算式が採用されています。

考え方はシンプルです。2017年の1年間に実際に買った商品を調べて、これらをすべて一つの大きな買物カゴに入れたとします。カゴの中身を買うのに全部で100万円掛かったとします。次に、同じものを翌年2018年に買ったとします。買物かごの中身は同じでも個々の商品の値段は上がったり下がったりしているので、この買物をするための費用は前年と同じとは限りません。仮に101万円だったとすると、物価が上がったことによって前年に比べて1万円多く掛かったことになります。その上昇分が消費者物価指数ではわかります。

最近では、物の値段は横置き、あるいは値下がりしているのに容器が小さくなっているから実際は値上げというパターンもあります。その場合は「品質調整」が行なわれます。

たとえば、容器の容量が少なくなった場合。前月まで500ミリリットル入り300円で売られていたのに、製品のリニューアルにより品質はそのままで容量だけが減り、当月から450ミリリットル入りが290円になったとします。純粋な価格の変化のみを捉えるためには、容量の変化分を調整する必要があります。そこで、新製品の価格を容量比で換算して、旧製品の価格との比較を行い、実際どのくらい値上げされたかを計算します。

すなわち消費者物価指数とは、どこまで物価を正確に反映されているかを明確に言い切れるわけではありませんが、反映するためにかなり細かいチューニングを実施していると受け止めれば良いでしょう。

消費水準指数を用いて散布図を作成

全国年次で2008年～2017年の推移は次の図10-6の通りです。差分を表現するため、指数のメモリ最下位を「80」に指定しています。

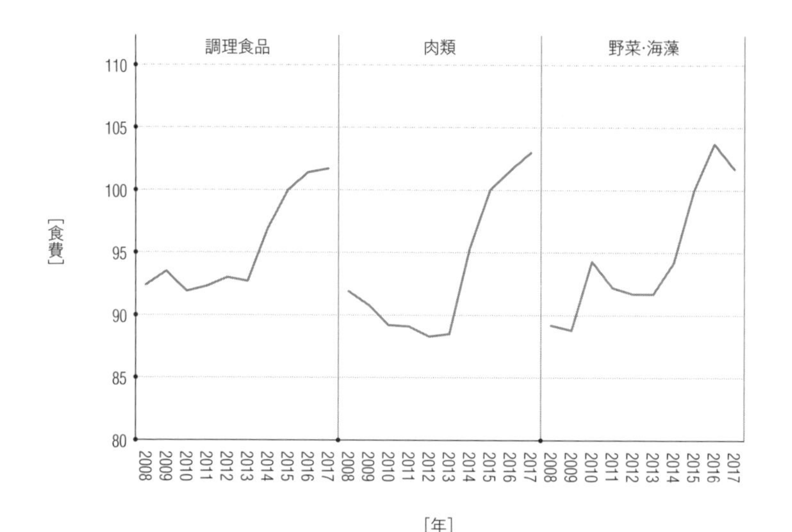

図10-6：2015年基準2008年～2017年消費者物価指数

（出典：総務省統計局）

2014年以降、大幅な物価上昇が見られます。**やはりあの食費の増え具合は、物価上昇を考慮しないといけない**と思います。食費の値段が上がっているだけで、「昨今では核家族や一人暮らしが増えて中食が増えた」というのは、物価の上昇という数字を無視した後付けの発言の可能性もあります。

そこで食料における「消費水準指数」を見てみます。消費水準とは、家計消費の面から世帯の生活水準をより的確に把握することを目的としており、消費支出から世帯人員及び世帯主の年齢、1カ月の日数及び物価水準の変動の影響を取り除いて計算した指数です。

よく考えてみると、2人世帯と4人世帯だと、収入が一緒でも支出が同じとは限りません。冷蔵庫のサイズは同じでも、買う内容や量は変わるでしょう。そうしたバラつきを慣らした数字だと考えれば良いでしょう。

ちなみに、この30年で平均世帯数は図10-7のように推移しています。

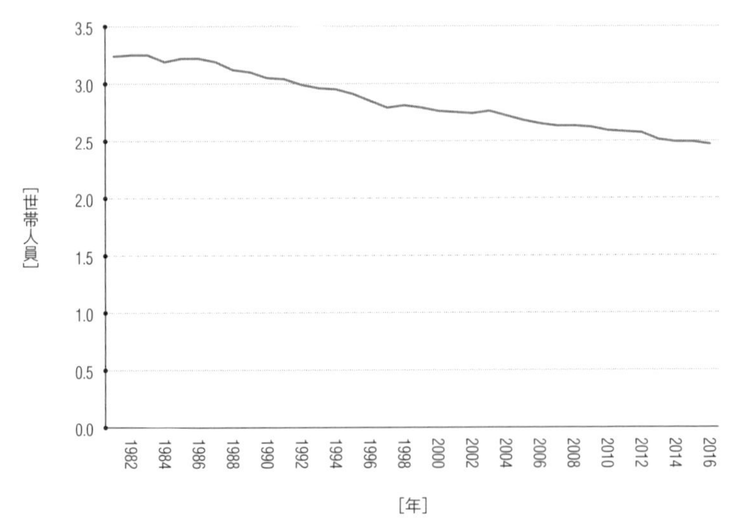

図10-7：平均世帯人員推移

（出典：厚生労働省「国民生活基礎調査」）

消費者物価指数で除して実質化しているので、先述した物価の動きについても複雑に考えずに済みそうです。その分、指数としては簡略化されているとは思います。**たとえば、消費支出額を世帯分布で加重平均しているようですが、相対的貧困の分析で触れた「1人追加されたことで一気に等価可処分所得が下がった」みたいな例も考えられます。**

そうした前提も踏まえて、1981年以降の年毎の食事における消費水準指数と、年毎エンゲル係数で散布図を作成してみました（図10-8）。

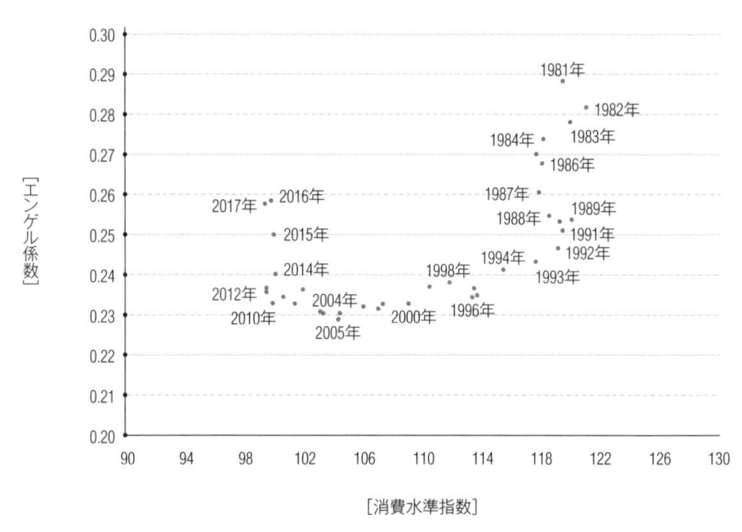

図10-8：消費水準指数（食料）×エンゲル係数

（出典：厚生労働省「国民生活基礎調査」）

消費水準は、1980年代はほぼ横ばいでしたが1993年を境に低下し続け、2012年にようやく横ばい・上昇するようになりました。

1980年代は、食料の生活水準にほぼ変化が無くエンゲル係数が下がっているので、所得が増えたと見るべきでしょう。1990～2000年代は、食料の生活水準が下がり続けエンゲル係数に変化が無いので、同じように所得が減ったと見るべきでしょう。

では2010年代ですが、**食料の生活水準にほぼ変化が無くエンゲル係数が下がっているので、所得が減った**と見るべきでしょう。

家計調査の回答主体という見落とし

ところで、家計調査って作業が大変のようです。半年間（単身世帯の場合は3カ月）、家計簿のような帳簿をひたすら作り続けねばならないようです。果たして、そのような作業を協力してくれる世帯ってどんな世帯なんでしょう。

家計調査に回答している世帯主の平均年齢推移は以下の図10-9の通りです。

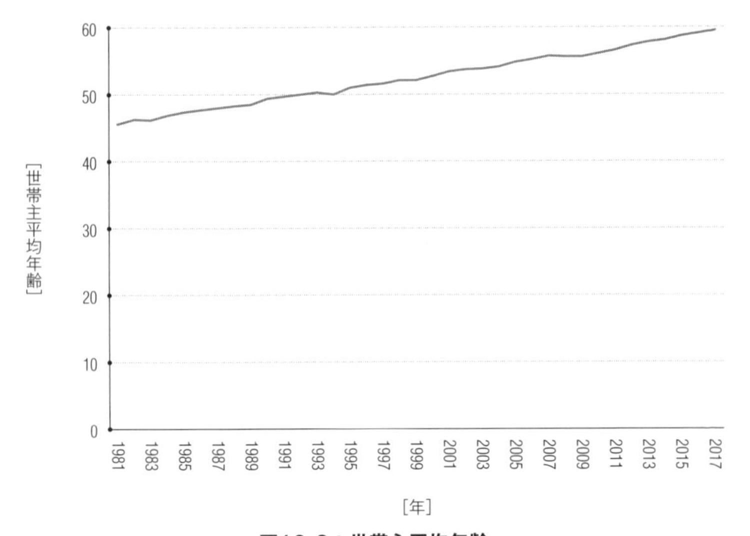

図10-9：世帯主平均年齢

（出典：総務省統計局「家計調査」）

この35年の間に約14歳も上昇し、2017年は59.5歳にまで上昇しました。もうすぐ定年を迎えるような年齢が、家計調査の平均値なのです。**果たして家計調査の標本は、全世帯を正確に反映したものなのでしょうか。**

実際のところ、日本の平均年齢（日本における全人口の平均）は、2015年時点で46.4歳になります。2005年時点で43.3歳、1年につきおよそ0.3〜0.4歳ずつ上昇し続けています。ちなみに、この平均年齢の高さは世界1位です。つまりどこまで正確かどうかは置いておいたとして、**世帯主の平均年齢が59.5歳なのはそこまで驚くべき数字ではない**のです。

私たちがエンゲル係数の数字を見たとき、どのような家庭を想定したでしょうか。私は最初、家計の食卓と聞いて「働き盛りの夫、パートに行く妻、部活に行く長男、友達と遊ぶ長女」という家族構成を思い浮かべてしまいました。それが悪いのです。図10-7にある通り、平均的に見てすでに核家族が当たり前で、そのほとんどは成人しているはずです。「若者の〇〇離れ」でも紹介した通り、子供の数は圧倒的に減っているのですから。

自分がイメージする範囲で数字を当てはめるから、アベノミクスが失敗している、いや中食が増えたのが原因だと勝手な想像が膨らむのです。それこそが「バイアス」です。

ちなみに麻生太郎財務大臣も家計調査の問題点を指摘するなかで「主に標本が高齢世帯に偏っているのでないか?」と問題提起しました。つまり「全体を表していないだろう」とヤンワリ批判したのです。

> **統計見直しで経済閣僚がバトル 麻生太郎財務相vs高市早苗総務相 山本幸三行改相が乱入**
>
> …GDPで個人消費の推計に使われる総務省の「家計調査」には、「調査対象に偏りがある」など政権内から批判する声もある。長期化する個人消費低迷に対する苛立ちもあるとみられる。
>
> こうした"論争"の口火を切ったのは麻生太郎財務相

だ。昨年10月の経済財政諮問会議で、家計調査の数値が、経済産業省の商業動態統計とは「異なった動きをしている」と指摘。家計調査の対象が高齢者に偏っており、経済の実態を反映していないと批判した。

これに対し高市早苗総務相は、両統計は対象範囲が異なり「直接比較するには留意が必要だ」と反論。その上で総務省は今月、消費動向をとらえる新しい統計指標の開発などに向けた有識者会議を設置した。

（産経新聞　2016年9月28日より抜粋）

麻生大臣も勘違いするほど、私たちが思っている以上に日本は高齢化が進んでいるということでしょう。2017年の世帯主年齢階級内訳は図10-10の通りです。

項目	平均	40歳未満	40～49歳	50～59歳	60～69歳	70歳以上
世帯数分布（1万分比）	10,000	1,169	1,789	1,701	2,345	2,996
世帯人員（人）	2.98	3.65	3.68	3.22	2.69	2.38
世帯主の年齢（歳）	59.6	34.3	44.6	54.6	65.0	77.0

図10-10：2017年家計調査　世帯主年齢階級内訳

（出典：総務省統計局「家計調査」）

思っているより70歳以上の高齢者がいると思ったのではないでしょうか。これが日本の世帯数の縮図だと考えればいいでしょう。**これが少子化・高齢化なのです**。

ちなみに年齢階級別のエンゲル係数は図10-11の通りです。

	平均	40歳未満	40～49歳	50～59歳	60～69歳	70歳以上
消費支出	283,027	256,160	315,189	343,844	290,084	234,628
食料	72,866	63,693	77,100	78,052	76,608	68,065
世帯人員	2.98	3.65	3.68	3.22	2.69	2.38
1人あたり食料	24452	17,450	20,951	24,240	28,479	28,599
エンゲル係数	25.7%	24.9%	24.5%	22.7%	26.4%	29.0%

図10-11：2017年家計調査　世帯主年齢階級内訳

（出典：総務省統計局「家計調査」）

年齢が上がるほど消費支出が増え、逆に60代以降は減っていきます。エンゲル係数はその逆で、年齢が上がるほど下がり、逆に60代以降は上がっています。これは恐らく収入と連動しているでしょう。一方で世帯人員一人あたりの食料費を換算すると、年齢が上がるほど増加傾向にあります。エンゲル係数の急増は高齢化とも関係があります。**つまり、収入が減っているから食費を切り詰めている、とは一概には言えない**のです。

この章のまとめ

エンゲル係数のここ数年の間における上昇は、何かひとつに起因しているわけではなく、どうやら様々な複合的な要因が重なって発生したと考えるべきでしょう。市場調査の専門家でも意見が分かれており、数字をどう読むかによって結論は変わりそうです。

もしかしたら、エンゲル係数という150年前に開発された指標で「生活水準」を測ろうという思想が間違っている可能性があります。エンゲル係数が発明された時代と現代で、生活水準、世帯、食費あらゆる概念は変わっています。**果たして、たった数%上昇したことが現代でもなお「生活**

水準が低下した」ことの理由だと実証できるでしょうか。

もしかしたら世帯ではなく、世帯員にまで落とし込んでエンゲル係数を求めた方が、現在の実態を明らかにするのかもしれません。

私たちは往々にして難しい事象に解りやすい答えを求めがちです。アベノミクスのせいだ。物価上昇のせいだ。中食志向が高まったからだ。社会が変わったからだ。全部正解で、全部不正解です。それらが密接に絡まって、結果として数%上昇したのです。

確かに、サクッと結論が出れば楽です。しかしこじれてしまった人間関係の多くが経緯からして難解なのと同じように、**大抵の難しい事象には複雑な経緯があります。それを読み飛ばしてサクッと分かる答えは、フェイクニュースとどう違うのでしょうか。**

おわりに

本書を最後まで読んでいただき、ありがとうございました。本書に関する疑問や質問は遠慮なくtwitterやfacebookにて連絡して下さい。お待ちしております。

https://twitter.com/matsuken0716
https://www.facebook.com/kentaro.matsumoto.0716

「データを読む」なんて当たり前だと思われている方もいらっしゃるかもしれません。本書を通じて、普段から接しているデータへの違和感、データ自体をそのまま受け入れることの危うさ、何よりデータを読む私たちが抱えているバイアスについて理解が深まったのであれば幸いです。

冒頭にも述べましたが、この本は、データサイエンスについて学びたいと思っているけど、数学は苦手だし、なによりも、どれから学んでいいかわからないと戸惑っている人のための超・入門書です。この本を読み終えたなら、「このデータは正しいのか」「このデータは現実を反映しているか」という目を持って分析に取り組めるようになっているはずです。

そもそも、複雑に入り組んだ現代社会に鋭いメスを入れて、様々なデータとして表現すること自体がおこがましい、という考えもあります。データで表現することで、実際に起きている何らかの事象が欠落するかもしれません。そこまで配慮して分析できる人こそ、一流のデータサイエンティストではないかと私は考えます。

データを触る前に、データについて考える。これが「超・入門」としての極意ではないでしょうか。

本書を制作するにあたっては、関係各位から様々なご指導をいただきました。

私が所属する株式会社デコムの大松孝弘社長からはブレイク・ザ・バイアスの発想法を、同社のインサイトアナリティクスチームからは読み解く力を教わりました。厚く御礼申し上げます。また私が以前所長を務めていた株式会社ロックオンのマーケティングメトリックス研究所で、データの測り方を徹底的に訓練した成果がこの本に活きました。何事も訓練あるのみです。

編集担当の名古屋剛さんからは、原稿の進捗を報告するたびに「すごく面白い」と高く評価いただき、なんて褒め上手な人なんだ！と感嘆しつつ、上手く乗せられて準備から約半年程度で書き終えることができました。感謝しかありません。

最後になりますが、本書でデータを見る目を鍛え上げられた皆さんと、kaggleなり実際の分析の現場なりでお会い出来る日を楽しみにしております。

２０１８年8月　松本健太郎

本文に挿入した統計情報以外に参考になった書籍やWEB上のコンテンツなどを参考文献として記載します。統計情報が気になった場合は、グラフに名付けたタイトルをそのまま検索すれば恐らくヒットするはずです。

書籍

D・ネトルトン『データ分析プロジェクトの手引』(共立出版、2017)

デービッド・アトキンソン『世界一訪れたい日本のつくりかた』(東洋経済新報社、2017)

ダイアン・コイル『GDP――〈小さくて大きな数字〉の歴史』(みすず書房、2015)

新家義貴『予測の達人が教える 経済指標の読み方』(日本経済新聞出版社、2017)

明石順平『アベノミクスによろしく』(集英社新書、2017)

ザカリー・カラベル『経済指標のウソ 世界を動かす数字のデタラメな真実』(ダイヤモンド社、2017)

モルテン・イェルウェン『統計はウソをつく－アフリカ開発統計に隠された真実と現実－』(青土社、2015)

沢木耕太郎『危機の宰相』(文春文庫、2008)

谷岡一郎『「社会調査」のウソ―リサーチ・リテラシーのすすめ』(文春新社、2000)

ダレル・ハフ『統計でウソをつく法―数式を使わない統計学入門』(ヴルーバックス、1968)

みずほ総合研究所(編)『データブック 格差で読む日本経済』(岩波書店、2017)

玄田有史(編)『人手不足なのになぜ賃金が上がらないのか』(慶応大学出版会、2017)

吉成真由美(編)『人類の未来 AI、経済、民主主義』(NHK新書、2017)

RIZAP『自宅でできるライザップ 食事編』(扶桑社、2016)

WEB上のコンテンツ

More Access! More Fun! 永江一石のITマーケティング日記「Facebookがおっさんソーシャルとか、そんなこと言ってたの誰だ→わたしだ」
https://www.landerblue.co.jp/blog/?p=34164

国土交通省国土交通政策研究所「訪日外国人旅行者の国内訪問地域分布予測手法に関する調査研究」
http://www.mlit.go.jp/pri/kouenkai/syousai/pdf/research-p160518/11.pdf
国土交通省「旅行・観光産業の経済効果に関する調査研究IX」
http://www.mlit.go.jp/common/000059567.pdf
第一生命経済研究所「景気関連統計（一次統計）の現状と課題」
http://www.nira.or.jp/pdf/0803nagahama.pdf
日本統計学会誌第23巻「1940-1955年における国民経済計算の吟味」（溝口、野島）
https://www.jstage.jst.go.jp/article/jjss1970/23/1/23_1_91/_pdf
参議院事務局第２特別調査室「「国民生活基礎調査」を読む」
http://www.sangiin.go.jp/japanese/annai/chousa/rippou_chousa/backnumber/2011pdf/20111201031.pdf
湯浅誠「「相対的貧困」の何が問題なのか？ 実感なき数字を、それでも課題視するわけ」
https://news.yahoo.co.jp/byline/yuasamakoto/20180228-00082194/
湯浅誠「子どもの貧困率が減った！ 何がどう変わったのか」
https://news.yahoo.co.jp/byline/yuasamakoto/20170701-00072789/
総務省統計局「第19回国際労働統計家会議の結果概要」
http://www.soumu.go.jp/main_sosiki/singi/toukei/2013renewwg/wg2/wg2_1/siryou_4.pdf
46年前からあった「若者の○○離れ」と、今起きている「お金の若者離れ」
http://nlab.itmedia.co.jp/nl/articles/1805/19/news005.html
総務省統計局「消費者物価指数のしくみと見方－平成22基準消費者物価指数 ２消費者物価指数の作り方」
http://www.stat.go.jp/data/cpi/2015/mikata/pdf/2.pdf

著者紹介
松本健太郎（まつもと・けんたろう）
データサイエンティスト。1984年生まれ。2007年より株式会社ロックオンにおいて、マーケティングのための人工知能プログラム開発に携わる。そのかたわら、多摩大学大学院で統計学・データサイエンスを研究。2018年からは株式会社デコムにおいて、インサイトと呼ばれる消費者の隠れた心理を分析する業務に従事。ＩＴｍｅｄｉａ、週刊東洋経済など各種媒体にＡＩやデータサイエンスに関する記事を多数執筆。現在、最も注目を集めるデータサイエンティストの一人。
著書に『誤解だらけの人工知能～ディープラーニングの限界と可能性』（光文社新書）『グラフをつくる前に読む本』（技術評論社）など。

嘘をウソと見抜けなければ、
データを扱うのは難しい

データサイエンス「超」入門

印　刷　2018年9月15日
発　行　2018年9月30日

著　者　松本健太郎

発行人　黒川昭良
発行所　毎日新聞出版
〒102-0074　東京都千代田区九段南1-6-17　千代田会館5階
営業本部：03（6265）6941
図書第二編集部：03（6265）6746

印　刷　精文堂
製　本　大口製本

ISBN978-4-620- 32541-5